冬季学生装技术标准规范

牛海波　主　编

范树林　王振贵　宋敬轩　副主编

马存义　张　宁　王　芳　贡利华　参　编

中国纺织出版社有限公司

内 容 提 要

　　本书是针对冬季学生装技术标准而制订的相关技术性规范。随着纺织服装的快速发展，尤其是中国纺织服装业不断融入国际市场后，对产品的品质要求更加严格，原标准在内容上的单一性逐渐显现出来，促使企业不断完善工艺，提高产品档次，以适应消费者多方位的需求，并依据国家GB/T 31888—2015《中小学生校服》标准，全面规范冬季学生装的产品加工工艺和质量要求，构筑学生装质量的安全防线。标准的使用与技术规范的要求，主要是指标准在推行使用过程中指导企业执行、生产、交换、完善技术指标，规范生产工艺，提高生产效率，把控质量品质方面，起到了很好的参考和借鉴作用，并有较强的市场适应性。

图书在版编目（CIP）数据

　　冬季学生装技术标准规范 / 牛海波主编；范树林，王振贵，宋敬轩副主编 . -- 北京：中国纺织出版社有限公司，2023.4
　　ISBN 978-7-5229-0434-4

　　Ⅰ . ①冬… 　Ⅱ . ①牛… ②范… ③王… ④宋… 　Ⅲ . ①中小学生 -- 校服 -- 技术标准 -- 中国 　Ⅳ . ①TS941.732-65

　　中国国家版本馆 CIP 数据核字（2023）第 047493 号

责任编辑：宗　静　刘　茸　　责任校对：王蕙莹
责任印制：王艳丽

中国纺织出版社有限公司出版发行
地址：北京市朝阳区百子湾东里 A407 号楼　邮政编码：100124
销售电话：010—67004422　传真：010—87155801
http://www.c-textilep.com
中国纺织出版社天猫旗舰店
官方微博 http://weibo.com/2119887771
北京通天印刷有限责任公司印刷　各地新华书店经销
2023 年 4 月第 1 版第 1 次印刷
开本：787×1092　1/16　印张：8.5
字数：157 千字　定价：68.00 元

前　言

　　本标准规范是依据国家GB/T 31888—2015《中小学生校服》标准，以及T/JYBZ 011—2019中小学生冬季学生装团体标准而制定的，同时也借鉴了GB/T 2662—2017《棉服装》国家标准。本标准规范由河北省教育装备行业协会学生装研发中心和河北科技工程职业技术大学提出，起草单位由河北科技工程职业技术大学、河北鸿鹄雨教育科技有限公司组成，是指导校服企业执行生产交换、完善技术指标，规范生产工艺、提高生产效率，把控产品质量、完善监督管理体系的重要标准。在保证中小学生冬季学生装安全、健康、舒适的同时，设计研发出具有地域文化特色的冬季学生装，使之更好地顺应社会发展并与国际接轨，打造学生积极向上的精神面貌和阳光活泼的良好形象。

　　在编写过程中，编者通过走访学校、企业，了解中小学生校服在生产、销售、使用、售后等方面存在的问题，查阅了大量的相关资料。并同河北省教育装备管理中心、河北鸿鹄雨教育科技有限公司、河北科技工程职业技术大学政校企三方对多地中小学校进行调研走访，对在校学生使用冬季学生装情况进行问卷调查和督导，为编写本书起到了很好的借鉴和参考作用。

　　本书共分8个章节，第1章为标准规范要求，编写人牛海波；第2章为冬季学生装产品概述，编写人范树林；第3章为冬季学生装款式设计要求，编写人马存义；第4章为冬季学生装面辅料分类及检验标准，编写人牛海波；第5章为冬季学生装工业样板制作规范要求，编写人牛海波；第6章为冬季学生装工艺技术标准，编写人牛海波；第7章为检测方法及包装要求，编写人王振贵、王芳、贡利华；附录部分编写人宋敬轩、张宁。

　　在编写过程中，得到了河北科技工程职业技术大学马东霄校长、李贤彬副校长的大力支持与指导，在此一并表示感谢。

牛海波

2023年3月

目　录

第1章 标准规范要求

1.1 范围

本标准规范规定了中小学生冬季学生装的术语和定义、技术要求、号型规格、试验方法、检验规则及包装、贮运和标识。

本标准规范适用于我国中小学生冬季在学校日常统一穿着的服装，其他学校学生冬季学生装可参照执行。

本标准规范不适用于年龄在48个月及以下的婴幼儿服装。

1.2 规范性引用文件

下列文件对于本文件的应用是必不可少的。凡是注日期的引用文件，仅注日期的版本适用于本文件。凡是不注日期的引用文件，其最新版本（包括所有的修改单）适用于本文件。

GB/T 1335 （所有部分） 服装号型

GB/T 7742.1—2005 纺织品 织物胀破性能 第1部分：胀破强力和胀破扩张度的测定 液压法

GB/T 19976—2005 纺织品 顶破强力的测定 钢球法

GB 18383—2007 絮用纤维制品通用技术要求

GSB 16—2159—2007 针织产品标准深度样卡（1/12）

GB/T 3920—2008 纺织品 色牢度试验 耐摩擦色牢度

GB/T 250—2008 纺织品 色牢度试验 评定变色用灰色样卡

GB/T 2910（所有部分） 纺织品 定量化学分析

GB/T 4802.3—2008 纺织品 织物起毛起球性能的测定 第3部分：起球箱法

GB/T 3921—2008 纺织品 色牢度试验 耐皂洗色牢度

GB/T 4802.1—2008　纺织品　织物起毛起球性能的测定　第1部分：圆轨迹法

GB/T 8427—2008　纺织品　色牢度试验　耐人造光色牢度氙弧

GB/T 13773.1—2008　纺织品　织物及其制品的接缝拉伸性能　第1部分：条样法接缝强力的测定

GB 18401—2010　国家纺织产品基本安全技术规范

FZ/T 72010—2010　针织摇粒绒面料

GB/T 23319.3—2010　纺织品　洗涤后扭斜的测定　第3部分：机织服装和针织服装

GB 5296.4—2012　消费品使用说明　第4部分：纺织品和服装

GB/T 31127—2012　纺织品色牢度试验拼接互染色牢度

GB/T 28468—2012　中小学生交通安全反光校服

GB/T 3923.1—2013　纺织品　织物拉伸性能　第1部分：断裂强力和断裂伸长率的测定（条样法）

GB/T 8628—2013　纺织品　测定尺寸变化的试验中织物试样和服装的准备、标记及测量

GB/T 8630—2013　纺织品　洗涤和干燥后尺寸变化的测定

GB/T 29862—2014　纺织品纤维含量的标识

GB/T 31888—2015　中小学生校服

GB 31701—2015　婴幼儿及儿童纺织产品安全技术规范

GB/T 8629—2017　纺织品　试验用家庭洗涤和干燥程序

GB/T 13772.2—2018　纺织品　机织物接缝处纱线抗滑移的测定　第2部分：定负荷法

FZ/T 72002—2019　毛条喂入式针织人造毛皮

GB/T 14272—2021　羽绒服装

FZ/T 01057　（所有部分）　纺织纤维鉴别试验方法

男女中小学生单服外观疵点参照棉服外观疵点及缝制要求。

1.3　术语和定义

下列术语和定义适用于本文件。

1.3.1　校服

学生在学校日常统一穿着的服装，穿着时形成学校的着装标志。

1.3.2　冬季学生装

选用具有一定保暖性能的天然纤维、化学纤维、动物绒毛及其混合物等填充物或人造皮毛、摇粒绒等织物为保暖层，适用于学生冬季在学校日常的统一穿着，是用以抵御冬季寒冷的学生服装。

1.3.3　配饰

与校服搭配的小件纺织产品，如领带、领结和领花等。

1.3.4　反光布

反光材料与纺织底料结合在一起，在光源照射下具有强逆反射性能的纺织品。

1.3.5　透气口

设置于冬季学生装人体主要出汗散热部位，用于快速散发积热的物理透孔。

1.4　设计要求

1.4.1　外罩

冬季学生装单层或加棉外罩，若采用涂层面料或覆膜面料，应设计背部透气口和腋下透气口。透气口张口处宜使用粘扣带固定。背部透气口示意图，如图1-1所示，腋下透气口示意图，如图1-2所示。

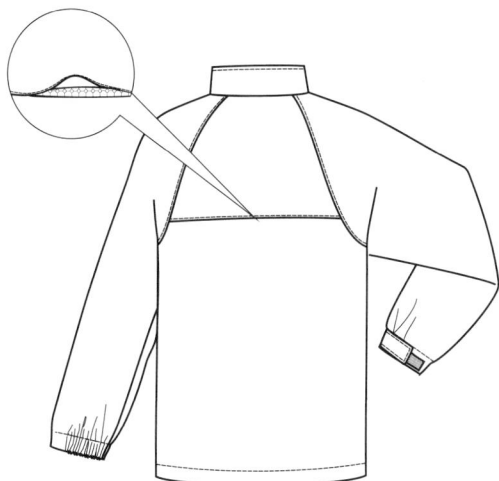

图 1-1　背部透气口设计样式示意图　　　　图 1-2　腋下透气口设计样式示意图

1.4.2 内胆

冬季学生装宜设计成外罩、保暖层和内衬等可以自由拆卸的样式，内胆加棉或添加羽绒类填充物等易于保暖发热的材料。

1.5 技术要求

1.5.1 面料

应选用符合该面料产品标准规定的等级品。

1.5.2 辅料

衬料黏合度、里料、镶料的尺寸变化，性能与色泽应与面料相适应。

1.5.3 线料

用线料的尺寸变化率，性能、色泽、质地应与面料相适应。

1.5.4 附件

纽扣、拉链、金属、非金属装饰标等，要求无锈蚀且耐用、光滑，其色泽应与面料相适应。

1.5.5 经纬纱

前身以门襟垂直为准，倾斜不大于0.5cm，条格面料不允许；后身以后背为准，倾斜不大于1.0cm；袖片以袖山中至袖口中为准，倾斜不大于1.0cm；倒顺毛、光面料全身倒顺一致，或按技术部门客户要求同顺，色织格料，纬斜不大于4%。

1.5.6 色差

所有表面各部位高于4级，其他里层贴布，挂面不低于3.5级，里子不低于3级。

1.5.7 成品部位

以领子、前后身、袖口、袖片、前后身两侧，袖片两侧为准。

1.5.8　成品规格

衣长允许偏差 ±1.0cm，胸围 ±2.0cm，5.4系列，胸围 ±1.5cm。

1.5.9　针距密度

明线 14 ~ 16 针 /3cm（或按工艺指标要求），暗线 13 ~ 15 针 /3cm，三线 10 ~ 11 针 /3cm，五线 12 ~ 14 针 /3cm，锁眼细线 12 ~ 14 针 /1cm，粗线不少于9针 /1cm，钉扣细线8根以上 /孔，粗线5根以上 /孔。

1.5.10　缝制规定

各部位线路顺直、整齐、平服、牢固，线迹松紧适宜。领子平服、领面松紧适宜、不反翘。绱袖圆顺，前后一致，袋与袋盖方正、圆顺，前后高低一致。拉链缉线整齐，拉链带顺直，各对称部位对称、对齐、平服、不起皱、不打褶、层次均匀。锁眼定位准确，大小适宜，扣与眼对位，整齐牢固。钉扣牢固，位置准确，长短适宜，线结不外露。四合扣上下扣松紧适宜、牢固、不脱落。各部位30cm内不得有两处单跳针和连续跳针。商标端正对中，号型标志正确、清晰。不能有针板及送布牙所造成毛破痕迹现象。

1.5.11　外观质量

各部位整烫平服、整洁，无烫黄、水渍、亮光。折叠端正、平服、美观、合理。对称部位基本一致。各部位针迹密度基本一致，线条美观。

1.5.12　熨烫规定

各部位熨烫平服、整洁，无亮光、烫黄、印痕、水花等现象。

1.5.13　后整理规定

全件产品内外无明显线头、线毛。产品整洁，无灰尘、污渍、水印。折叠平服、包装整齐，符合质量要求。

1.6　号型规格

冬季学生装校服号型的设置应按GB/T 1335规定执行，超出标准范围的号型按标准规定的分档数值扩展。

1.7 基本安全要求

冬季学生装校服应符合 GB 18401—2010 产品的规定要求，14 周岁及以下学生穿着的冬季学生装还应符合 GB 31701—2015 规定要求。

1.8 填充物

冬季学生装填充物应符合 GB 18383—2007 或 GB/T 14272—2021 要求。

1.9 保暖层

冬季学生装的保暖层应符合 FZ/T 72002—2019 或 FZ/T 72010—2010 的一等品质量要求。具体克重、密度、材质由供需双方商定。

1.10 特殊安全要求

冬季学生装宜在规定位置使用反光布。

1.10.1 部位要求

上衣的正面和背面、双袖的侧面、上衣背面缝（贴）制的反光布，不应被学生书包完全遮挡。

1.10.2 宽度要求

反光布有效宽度应不小于 20 mm。

1.10.3 反光布缝制要求

（1）应采用适合反光布缝制的缝线。

（2）各部位反光布缝制的线路要顺直、宽窄均匀、牢固，不允许有跳针、开线和断线。

（3）各部位反光布的贴制不允许有开胶、渗透、起皱和脱落。

（4）反光布，逆反射系数应符合 GB/T 28468—2012 4.3 中的要求。

1.11　外观质量

应符合 GB/T 31888—2015 中表 2 的要求。

1.12　试验方法

基本安全要求的测定按 GB 18401—2010、GB 31701—2015 规定的相关方法执行。

纤维含量的测定按 FZ/T 01057、GB/T 2910 所有部分规定的相关方法执行。

耐湿摩擦色牢度的测定按 GB/T 3920—2008 执行。

耐皂洗色牢度的测定按 GB/T 3921—2008 试验条件 A（1）执行。

耐光色牢度的测定按 GB/T 8427—2008 方法 3 执行。

机织类和针织类起球的测定按 GB/T 4802.1—2008 方法 E 执行，毛针织类按 GB/T 4802.3—2008 执行，精梳产品翻动次数 14400 转，粗梳产品翻动次数 7200 转。

顶破强力的测定按 GB/T 19976—2005 执行，钢球直径 33mm。

断裂强力的测定按 GB/T 3923.1—2013 执行。

胀破强力的测定按 GB/T 7742.1—2005 执行，试验面积 7.3cm²。

接缝强力的测定按 GB/T 13773.1—2008 执行，拉伸试验仪隔距长度为 100 mm，以试样断裂强力为试验结果（不论何种破坏原因）。从每件产品上的以下部位各取 1 个试样，试验长度为 200 mm，接缝与试样长度垂直并处于试样中部（图 1-3）。面里

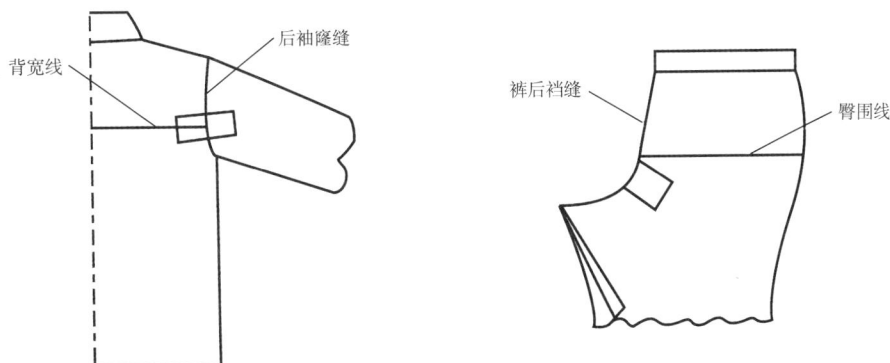

图 1-3　接缝强力取样示意图

料缝合在一起的取组合试样。

裤后裆缝：以紧靠臀围线下方。

后袖窿缝：以背宽线和袖窿缝交点为中心。

接缝处纱线滑移的试样准备参照GB/T 13773.1—2008的规定，从每件产品上的以下部位各取2个试样（图1-4），测定程序按GB/T 13772.2—2018执行，分别计算每个部位2个试样的平均值。

1.12.1　面料

后背缝：以背宽线为中心。

袖窿：袖窿缝与袖缝交点处向下10 cm（两片袖时取后袖缝）。

下裆缝：下裆缝三分之一处为中心。

1.12.2　里料

后背缝：以背宽线为中心。

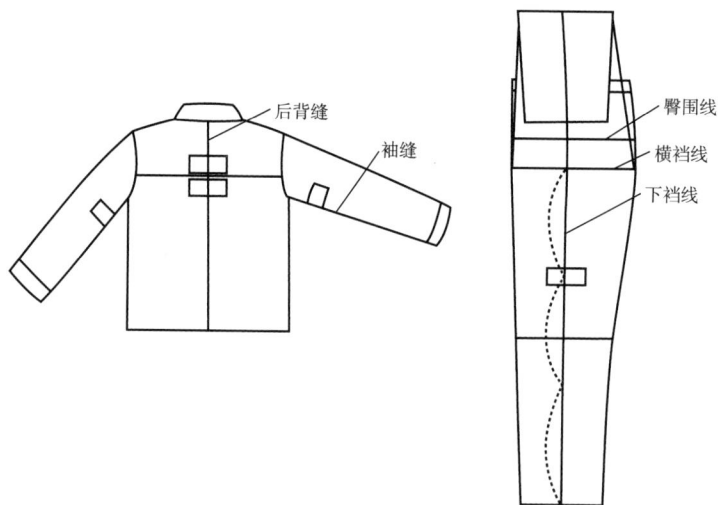

图1-4　接缝处纱线滑移取样示意图

水洗尺寸变化率的测定按GB/T 8628—2013、GB/T 8629—2017和GB/T 8630—2013执行。机织类和针织类采用GB/T 8629—2017中4N程序洗涤和悬挂晾干，毛针织类采用GB/T 8629—2017中4G程序洗涤（试验总负荷1kg）和烘箱烘干。测量部位长度为衣长、裤长，宽度为胸宽、腰宽和横裆，领大为立领的领圈长度。

水洗后扭曲的测定按GB/T 23319.3—2010的侧面标记法（裤子以内侧缝合裤口边）执行。

水洗后外观试验方法：将完成水洗的产品平铺在平滑的台面上，一次观察和记录外观变化。其中变色按GB/T 250—2008评定。

防钻绒性的测定按GB/T 14272—2021中附录E执行。

填充物的测定按GB 18383—2007或GB/T 14272—2021规定的相关方法执行。

保暖层的测定按FZ/T 72002—2019或FZ/T 72010—2010规定的相关方法执行。

反光布逆反射系数的测定按GB/T 28468—2012中5.3~5.5执行。

外观质量一般采用灯光检验，用40 W的青光或白光灯一支，上面加灯罩，灯罩与检验台面中心垂直距离为80 ± 5 cm。如果在室内采用自然光，光源射入方向为北向左（或右）上角，不能使阳光直射产品。将产品平放在检验台上，检验人员的视线应正视产品的表面，眼睛与产品的中间距离约60 cm。

色差的测定按GB/T 250—2008执行。

对称部位的尺寸按GB/T 8628—2013执行。

拼接互染程度的测定按GB/T 31127—2014执行。

1.13 抽样检验规则

按同一品种、同一色别的产品作为检验批，从每批产品中随机抽取代表性样品，样本在抽取后密封放置，不应进行任何处理。

内在质量抽样数量按GB/T 31888—2015（参见本书附录2）中6.1.2执行，样品尺寸小时可适量多抽取以满足试验需要。对于外罩可自由拆卸的校服可抽取3件外罩用于检测需水洗尺寸变化率、水洗后扭曲率、水洗后外观、接缝强力和接缝处滑移项目，1件完整样品用于其他项目试验。

反光布逆反射系数项目试验可抽取满足试验需要大小的反光布样品。

冬季学生装外观质量检验抽样方法见表1-1。

表1-1 冬季学生装外观质量检验抽样方法

批量（N）	样本量（n）	接收数（Ac）	拒收数（Re）
≤15	2	0	1
16~25	3	0	1
26~90	5	0	1
91~150	8	0	1

批量（N）	样本量（n）	接收数（Ac）	拒收数（Re）
151～280	13	0	1
281～500	20	1	2
501～1200	32	2	3
≥1201	50	3	4

内在质量的判定基本安全要求与内在质量的判定按GB/T 31888—2015（附录2）中6.2执行。

内在质量项目检验结果符合附录2中4.4要求的判定这些项目的产品合格，否则为不合格。

1.14 包装贮运和标识

产品按件（或套）包装，每箱件数（或套数）根据协议或合同规定。

应保证在贮运中包装不破损，产品不沾污、不受潮。包装中不应使用金属针等锐利物。

产品应存放在阴凉、通风、干燥的库房内，注意防蛀、防霉。

每个包装单元应附使用说明，使用说明应符合GB 5296.4—2012的要求，至少包含下列内容：

服装号型、配饰规格（产品主体的最大标称尺寸，以cm为单位）；

纤维成分及含量；

维护方法；

产品名称；

本标准编号；

安全技术要求类别；

制造商名称和地址；

产品的贮存方法。

其中，每件校服应包括耐久性标签，并缝制在侧缝处，不允许在衣领处缝制任何标签，应采用吊牌、资料或包装袋等形式。

第2章　冬季学生装产品概述

2.1　基本概述

冬季学生装，顾名思义就是冬天穿着的服装。冬装主要有羽绒服、夹克、毛衣、棉袄和保暖内衣以及围巾等，也是学生在校期间统一穿着的服装，形成了学校的着装标志。

冬季学生装一般选用具有一定保暖性能的天然纤维、化学纤维、动物绒毛及混合物等填充物或人造皮毛、摇粒绒等织物为保暖层，用以抵御冬季的寒冷。冬季天气寒冷，对于衣服的要求自然是以保暖为主。如今的冬季学生装大多以冲锋衣为主，冲锋衣防风防雨又保暖，穿着宽松舒适，也能满足户外活动的穿着需求。以往学生的校服，都是偏薄款长外套，春秋季节穿着的话，厚度比较适宜，但是到了冬季，常规的校服根本满足不了保暖的需求，学生会选择在校服里面或者外面增加衣物来抵御寒冷，这便使校服缺乏美观性。如今，冬季学生装可选择性很大，比如冲锋衣可以实现三合一体的设计，活里活面，可以冷热交替，穿脱拆卸都比较方便；用摇粒绒或者羽绒做内胆，摇粒绒内胆厚实温暖，羽绒内胆轻盈透气，能很好地抵御风寒。

2.2　校园服饰文化

服装作为文化的一部分，也是一种符号，人们可以通过这种符号进行彼此的了解与沟通。服装是人的性别、年龄的符号，是显示人的职业的符号，是不同国家和民族文化的符号。而校服作为服装的一种，既是学生及学校的标志，也是校园文化的载体，具有特殊的教育功能和文化内涵，是学生学习和生活的重要组成部分。校服反映出一个时代的主流精神、时尚特点、审美观念、技术水平和经济水平。校服作为一种服饰，不仅具有服饰的所有内涵，还折射出这个时代的教育观，反映出一所学校的文化特色和办学理念。我国目前使用的运动形制的校服，在一定历史时期内发挥了它特定的作用，但随着社会的进一步发展，现行校服已跟不上时代的步伐，中小学生校服有待变革与发展，这样才能更有利于推动中学生校服的健康发展。

校服作为一种文化，体现了中国青少年穿衣鲜明的个性和精神面貌，是一个呈现美的载体。随着社会的发展，服饰的感染力、服饰文化的标志性、象征性及功能性越来越受到关注。人们在探讨各种服饰的同时，也逐渐开始探寻其形成因素。尽管不同的群体对服饰文化的诠释不同，但服饰文化作为现代人生活方式的一部分，已经引起了社会各界的广泛关注。而在菁菁校园这个特殊的环境里，服饰与校园文化紧密结合，校园学子用青春、知识、文化、理想构建出独特的校园服饰文化。校园服饰文化是指学生们在校园服饰上所表现的较为一致的审美取向，由此所形成的一种特殊的文化现象。校园服饰文化是校园学子历代传承下来所形成的青春风貌的文化，是一种有别于流行又与流行息息相关的文化潮流，它更多地展现了青春与文化的气息，显示了它与大众时尚文化的区别。学校的知识环境、学生的审美水平和生活方式，都是决定这种文化特质的原因。

校园服饰文化所涵盖的内容不仅是校园中服饰的演变，也是校园学子们青春与智慧的延续。在校园这个充满梦想、希望的环境里，学生们用朝气蓬勃的姿态展现着自身的服饰魅力。校园服饰文化发展至今，学生们通过他们的着装来表现自己对社会的认知及自身积极的生活态度，社会时尚潮流的服饰装束在他们身上体现，又在他们身上升华。校园服饰文化的发展将不断提升学生们对美的认知，引领他们对生活艺术的探索。校服可以增强学生的归属感和自我防御机制，培养学生的自我约束力，树立良好的学校形象。随着我国教育事业的迅速发展，校服越来越引起人们的重视，然而对于校服的设计和研究却十分不够。大部分中小学学生家长对现有校服的款式、面料、色彩、功能、配饰等不是很满意，家长期望校服款式大方、面料舒适、价格合理、校徽等配饰富有特色等，使真正适合中小学生年龄特征、满足功能需求的校服走进校园。

我国的中小学生校服要立足国家历史、民族文化特征、校园文化、时代精神，重视研发设计，要制定规范全国校服标准，要对中小学校服的原材料、色牢度、pH值、透气性、保暖性、环保制定最低标准，杜绝劣质服装进入校服市场，要求中小学生校服加装反光标志，并区分季节、地域文化设计。

当我们通过校服去挖掘更深层次的文化文明内涵时，校服所具有的就不仅仅是实用功能了。优秀的校服设计不仅使用方便，更应该具有形式美感。因此，校服设计师要研究我国校园服饰文化，根据国情特点和学校文化特质，设计出符合学生内心需求的校服。

2.3　主要功能

2.3.1　保护功能

学生在室外活动时，防止撞击、撕裂、磨损，并能够起到保护皮肤、防风、抗寒等作用。

2.3.2　装饰功能

体现校园文化内涵、区别地域特点、美化个人形象等装饰功能。

2.3.3　标识功能

体现所属群体对服装附属品的装饰效果，比如校徽、胸花、领带、商标等区别不同学校的着装风格和服装特点。

第3章　冬季学生装款式设计要求

3.1　标样

以中小学生冬季校服为该产品的标样（款式标样只作为示例，仅供参考）。

3.2　样式

中小学生冬季校服男女为同款系列，主要以上装为主。

3.2.1　A款样式分析

此款为冬季棉服，正面款式为拉链式开合样式，添加了挡风门襟，小立领结构，胸部设计了横向分割线与袖子斜线连接形成折线设计，单袋牙插袋与刀背线形成了鲜明的装饰效果，圆装袖结构，袖口有橡皮筋并加装尼龙粘扣设计，能够有效防止风从外部灌入。下摆穿绳，松紧可调，帽子与领口为可拆卸设计，帽胆有填充棉，保暖性更好。

背部结构与前身相互呼应，过肩位置夹缝反光条或装饰带均可，袖子上的斜线分割与过肩线对应。服装款式简洁大方，迎合了时尚流行趋势的发展。颜色可以选择当季流行色，此款上衣为浅灰色搭配米黄色，采用防水透气面料，是一种合成的高分子复合膜材料，分子间隙大于空气，小于水分子，因此在阻挡雨水的同时能够将汗水排出。中间的保暖层为短丝羽绒棉，水洗后不易变形，保暖性能好。

中小学生冬季校服款式图，如图3-1所示。

3.2.2　B款样式分析

此款为冬季棉服，正面款式为拉链式开合样式，添加了挡风门襟，小立领结构，胸、腰部分别设计了两条横向分割线，左胸上有一个装饰袋盖，袋口加拉链，圆装袖在袖口外侧有装饰分割线，袖口有橡皮筋并加装尼龙粘扣设计，能够有效防止风从外部灌入。帽子与衣领可拆卸设计，帽胆有填充棉，帽口有橡皮筋，可调节帽口大小，保暖性更好。背部两条分割线与前身相互对应，直筒型结构，宽松随意，款式简单大方，适合青少年穿着。

可以选择当季流行色，此款上衣为藏青色搭配浅灰色，采用防水透气的复合面料。中间的保暖层为绗缝棉，蓬松、保暖性能好。可拆卸内胆，便于清洗和换季节穿用。

中小学生冬季校服款式图，如图3-2所示。

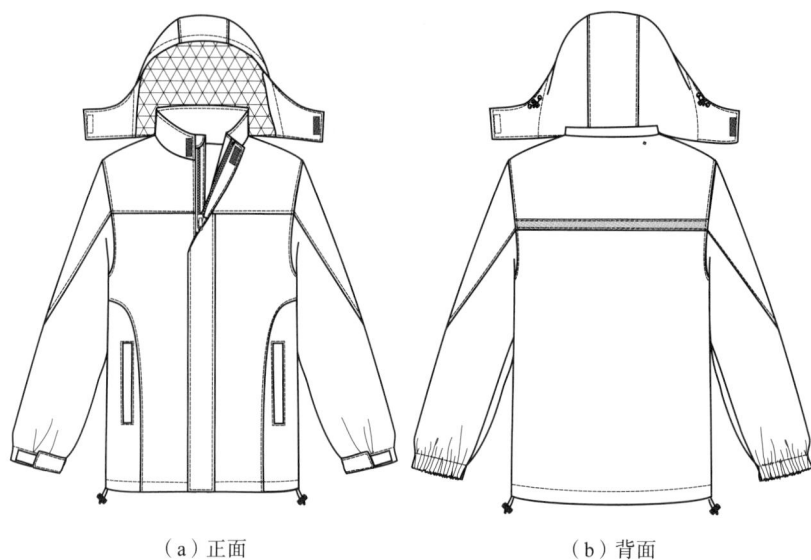

（a）正面　　　　　　　　　　　（b）背面

图3-1　冬季学生装款式A款

（a）正面　　　　　　　　　　　（b）背面

图3-2　冬季学生装款式B款

3.2.3　C 款样式分析

此款为春秋冬季两用冲锋衣，正面款式为拉链式开合样式，无门襟，小立领结构，胸部有一条横向分割线，与袖子上的分割线，相互对应，袋口为单袋牙结构，圆装袖在分割处添加了两条装饰明线，袖口内侧有松紧带。帽子与领口可拆卸设计，帽口两侧有松紧。肩背部有过肩，后片在中部上方有多条装饰明线，增加了服装的整体效果。直筒型结构，宽松随意，款式简单大方，适合青少年穿着。

可以选择当季流行色，此款上衣为橘黄色搭配灰白色。采用防水透气的春亚纺贴膜面料，里料为塔夫绸，中间的保暖层为摇粒绒，可拆卸设计，秋冬季皆宜。

中小学生冬季校服款式图，如图3-3所示。

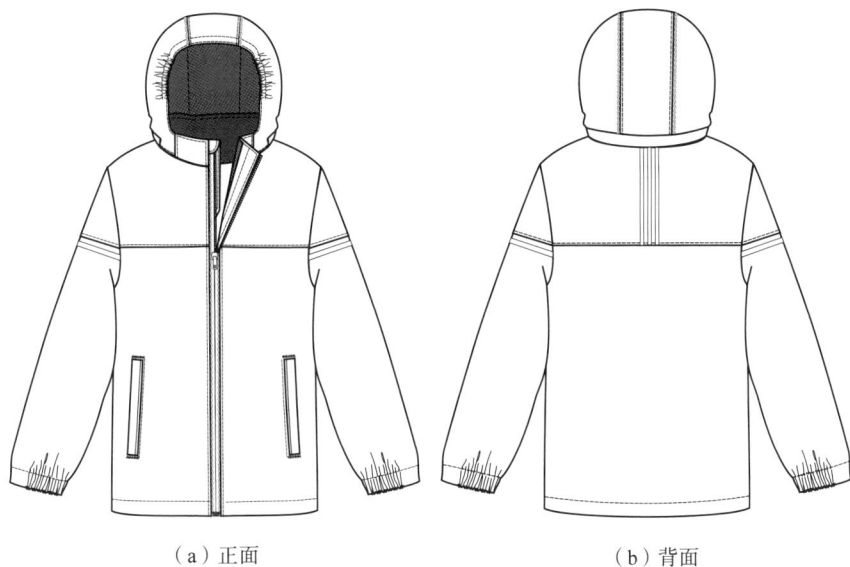

（a）正面　　　　　　　　　　　　　　　（b）背面

图 3-3　冬季学生装款式 C 款

3.2.4　D 款样式分析

此款为秋冬季两用冲锋衣内胆，由于内胆隐藏于里面，款式相对简单，为了便于穿脱和不影响外观效果，设计为可拆卸内胆。前中心为拉链式开合设计，小立领结构，拉链式袋口，普通圆装袖，袖口一周有松紧带。背部无分割，整片裁剪，下摆散口设计。活里活面设计，款式简单大方，内胆颜色与外层面料相仿。

此款上衣为橘黄色，采用摇粒绒保暖面料，可拆卸设计，秋冬季皆宜。

中小学生冬季校服款式图，如图3-4所示。

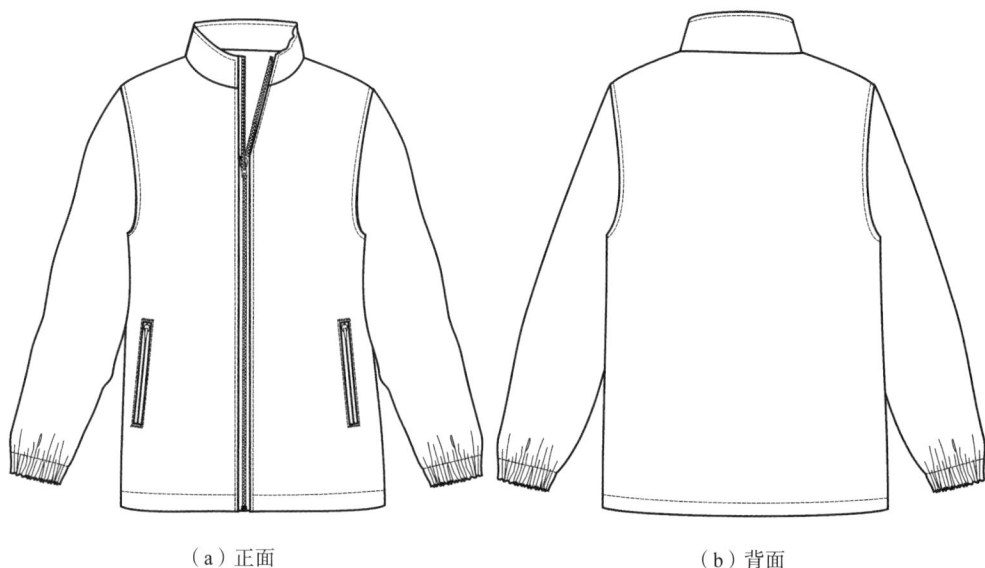

（a）正面　　　　　　　　　　　　　　　（b）背面

图 3-4　冬季学生装款式 D 款

3.2.5　E款样式分析

此款为秋冬季棉马甲，正面款式为拉链式开合样式，无门襟，小立领结构，胸部有两条横向分割线，装饰条上宽下窄的设计，相互衬托，拉链式袋口。背部无分割，整片裁剪，直筒型结构，横向绗缝线，不仅固定了棉絮的走向，也起到了很好的装饰效果。可以选择当季流行色。此款上衣为银灰色。采用防水透气的春亚纺贴膜面料，里料为塔夫绸，中间的保暖层为绗缝棉。

中小学生冬季校服款式图，如图3-5所示。

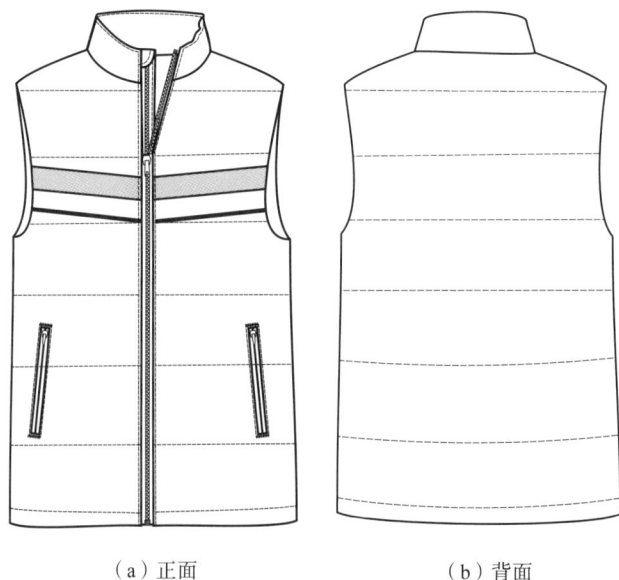

（a）正面　　　　　　　　　　　　　　　（b）背面

图 3-5　冬季学生装款式 E 款

3.3　配饰

冬装配饰应符合中小学生校服 GB/T 31888—2015 标准中的锐利性要求，宜采用容易解开的方式。拉带、抽绳、襻带的自由端，功能性绳索、腰带末端不允许打结或使用立体装饰物。为了防止其磨损散开，采用热割或滚边。在不引起缠绕危险的前提下，宜采用重叠或折叠的方法。打结或立体装饰物不允许有自由端。套环只能用于无自由端的拉带和装饰性绳索。

在拉带两出口点的中间处应固定拉带，固定方式可采用套结等方法。某些允许用抽绳的部位，抽绳应确保固定结实，至少在出口处一定距离打套结。

服装上固定有凸显的襻带，扣紧时的边长度不超过 7.5cm。固定平贴的襻带（腰带环）从两端固定点量起，长度不超过 7.5cm。

备注：服装内部的功能性吊襻及其他襻带，当风险评估显示它们对穿着者无危险时允许使用。

拉链头（包括装饰）的规格尺寸为：从拉链滑锁量起，长度不超过 7.5cm。

裤长至脚踝的裤装上，拉链头或装饰物不超过裤装底边。

3.4　胸部和腰部区域的绳带

穿着在腰部以下的服装，如裤子、短裤、裙子、三角裤、比基尼式泳裤。当服装在自然松弛状态时，拉带的自由端长度不应超过 20cm。当服装放平摊开至最大宽度时，不应有突出的襻带。套环用作调节拉带应无自由端，套环应固定在服装上。功能性绳索自由端长度外露超过 20cm。

装饰性绳索包括装饰物长度不超过 14cm，如衬衫、外套、连衣裙和工装服。当服装放平摊开至最大宽度时，拉带的自由端长度不应超过 14cm。拉带不允许有自由端，当服装放平摊开至最大宽度时，不应有突出的襻带。套环用作调节拉带应无自由端，套环应固定在服装上。功能性绳索长度不超过 20cm。装饰性绳索包括装饰物长度不超过 14cm。所有服装腰部区域的可调节搭襻（含附件）长度不能超过 14cm。

对于幼童服装，打结腰带或装饰腰带在背部时从系着点量起不超过 36cm，未系腰带时长度不超出服装底边。

对于大童和青少年，腰带打结或腰带装饰在背部时，从系着点量起不超过 46cm。

3.5　臀围线以下的服装下摆绳带

如果服装底边超过了臀部，下摆上的拉带、装饰绳、功能绳（包含绳上的绳扣）不能出现在服装底边外。

如果拉带出现在服装底边，当服装底边收紧时，拉带或绳索不能翻转必须平放在服装上。

上衣、裤子、裙子（款式到脚踝处）的下摆处不能有拉带、装饰绳、功能绳外露，必须全部隐蔽在衣服内。裤子底边缘的皮筋允许外露。

可以调节的搭襻长度应不超过14cm，且要位于服装底边之上，自由端上不含有纽扣、套环、带扣的可装调节搭襻。

3.6　背部

服装背部不能露出系着的拉带、功能绳及装饰性绳索。装饰性绳索长度不超过7.5cm，绳索上不得含有绳结、套环或立体装饰物。

可以调节的搭袢襻长度应不超过7.5cm，且要位于服装底边之上，搭襻自由端上不含有纽扣、套环、带扣。允许使用打结和装饰腰带。

3.7　袖子

对于长袖款服装，袖口收紧时，袖口的抽绳、装饰绳、功能绳必须全部隐蔽在服装袖口内。

装在肘关节以下的长袖上的拉带、功能绳和装饰绳，必须全部隐蔽在衣袖内，且自由端不超过7.5cm。

对于幼童装，在肘关节以上的短袖展开平放时，袖口处拉带、绳索长度不应超过7.5cm。

对于大童和青少年，短袖款服装袖子长度在肘部以上时，拉带、装饰绳、功能绳可以外露，将袖子放平摊开至最大宽度时外露长度不能超过14cm。

袖子上可调节的搭襻不超过10cm，搭襻打开时不能垂至服装底边。

3.8　其他部位

上述没有提及的其他部位，如拉带、功能绳、装饰绳可以外露，但当服装放平摊开至最大宽度时，外露长度不超过 14cm。

领标位置在底领后正中，采用无标识领标（领标规格 1cm × 6.3cm）。

洗唛上衣位于左侧摆缝，下衣位于左前袋袋布上（洗唛上要求注明制作单位）。

3.9　高可视警示性

如果需要配置高可视警示性标志，应符合 GB/T 28468—2012 的要求。

3.10　外观设计安全

标准中不可能包括所有服装潜在的危险。只是针对设计方面选择具有代表性的方面进行说明。

学生装外观设计应符合学生的身份，不可怪异独行。

学生装的设计要符合学生的年龄的特征，分割线设计要符合人体工程学要求，不得阻碍人体正常的活动范围，服装各部位的长度要避开各关节运动热点。

立体口袋、连帽、领子等部位的设计不要过大，以免造成活动阻碍。

3.11　标签

标签要求包括号型、纤维含量、护理内容、原产国等相关的规定。校服的生产企业须在产品标签上注明：生产企业名称、商标标志、企业地址、联系电话，并注明产品原材料成分、规格（型号）、执行的标准、使用与洗涤注意事项等信息。

3.12　强力要求

强力要求包括织物、口袋、拉链和加固应力集中点的接缝强力，金属附件和实用装饰品的固定强力及敷黏合衬部位剥离强力等。

3.13　洗后外观及耐洗性

洗后外观是指接缝外观和褶皱外观。印花和涂层的耐洗性。拼色和绣花线的耐洗性要求、拉链及纽扣的耐洗性等都要符合国家相关要求（参照GB/T 5713—2013 纺织品　色牢度实验　耐水色牢度）。

第4章 冬季学生装面辅料分类及检验标准

4.1 冬装羽绒面料分类

4.1.1 防水型涂层面料

防水型涂层面料具有防水透湿性能，面料整体更轻薄柔软，穿起来会更舒适。羽绒服大多数是在寒冷环境才使用的，所以防水型涂层面料的羽绒服主要是以冰雪的固态水融性为主，对耐水压要求不高，因此，用此款面料做成的羽绒服无须压胶。

4.1.2 高密度防泼水面料

高密度防泼水面料的轻薄度、柔软度是羽绒服面料中最高的，且防风、防水及透气性能较好，其织物本身的密度一般在290T以上，密度很高。因此，在制作羽绒服和羽绒睡袋方面，选材通常都会选用高密度防泼水面料。

4.1.3 普通机织面料加防绒布

普通机织面料一般采用密度较低的尼龙或者涤纶，在制作羽绒服的过程中，会在面料里侧添加防绒布，可以起到防绒的作用。这种面料的防绒性能好，但防绒布会导致羽绒服的柔软性很差，且会增加服装的重量，洗涤后会更容易破损或结块。

羽绒服面料应具备防绒、防风及透气性能，其中防绒性特别重要，而防绒性能的好坏关键取决于所用面料的纱支密度，所以，高密度防泼水面料制作的羽绒服更好。

4.2 冬装棉服面料分类

制作棉服的面料有涤棉、涤纶（亮面）、尼龙、混纺、涤麻混纺、涤平纺、尼丝纺、羽纱等。

4.2.1　涤棉

涤棉是指涤纶与棉的混纺织物的统称，采用65%～67%涤纶和33%～35%的棉花混纱线织成的纺织品，俗称"的确良"，是制作衣物的常见材料。

4.2.2　涤纶

涤纶是合成纤维中的一个重要品种，是我国聚酯纤维的商品名称。涤纶是以聚对苯二甲酸（PTA）或对苯二甲酸二甲酯（DMT）和乙二醇（MEG）为原料，经酯化或酯交换和缩聚反应而制得的成纤高聚物—聚对苯二甲酸乙二醇酯（PET），再经纺丝和后处理制成的纤维。

4.2.3　尼龙

尼龙是美国杰出的科学家华莱士·卡罗瑟斯（Wallace Carothers）及其领导下的一个科研小组研制出来的，是世界上出现的第一种合成纤维，尼龙是聚酰胺纤维（锦纶）的一种说法。尼龙的出现使纺织品的面貌焕然一新，它的合成是合成纤维工业的重大突破，同时也是高分子化学的一个非常重要的里程碑。

4.2.4　混纺

混纺即混纺化纤织物，是化学纤维与其他棉、毛、丝、麻等到天然纤维混合纺纱织成的纺织产品。混纺既有涤纶的风格，又有棉织物的长处，如涤棉布、涤毛华达呢等。

4.2.5　羽纱

羽纱是指用棉和毛或丝等混合织成的极薄的织品。疏细者称"羽纱"，厚密者称"羽缎"。羽纱有保暖的功能，是以人丝为经、棉纱为纬交织而成的斜纹织物，一般染成素色，适于做服装的夹里。羽纱大多数是由钩编机编织而成，其原料一般为100%锦纶、100%涤纶、涤尼混纺、毛尼等。羽纱的结构由芯线和饰线组成，羽毛按一定方向排列，其工艺主要由针织和割绒组成，即"一针一刀"。

4.3　冬装冲锋衣面料分类

4.3.1　冲锋衣面料性能指标要求

所谓的冲锋衣防水透气面料，其实是一种合成的高分子复合膜，其分子间隙大于空气而小于水分子，因此在阻挡雨水的同时能够将汗水排出。

2016年我国颁布了《户外运动服装冲锋衣》的国家标准，这足以体现户外冲锋衣在功能性方面的重要性。因为一件专业的冲锋衣，在户外可以有效地保护穿戴者免受伤害，所以国家一直重视这类服装行业的发展。颁布国家标准正是让消费者有一个选购依据，督促冲锋衣代工厂使用正规的面料，保证产品质量，保护使用者的安全健康。

新标准主要从三个方面出发。第一是安全指标，其中包括面料pH值、是否有异味、甲醛含量及可分解致癌物等，这些指标都要求达到《国家纺织产品基本安全技术规范》；第二是对冲锋衣的基本性能做出了规范，主要包括染色牢度、耐光色牢度、耐磨性能、水洗尺寸变化率、拼接互染色牢度、裤子后裆接缝强力等，可谓非常全面；第三是冲锋衣的功能性指标，主要有静水压、透湿率、抗湿性等指标。

新标准将冲锋衣分为两类，一类是专业类，另一类是非专业类。具体的区分如下：对于透湿率，专业级冲锋衣需要达到5000，而非专业级要达到3000，而在表面抗湿性方面规定，具有很好的抗沾湿性能需要达到洗前沾水等级4级，等等。

值得注意的是，新标对儿童冲锋衣也做了规定，主要为了保护儿童户外安全。比如学生装绳索、上衣拉带等安全设计要求。冲锋衣的防水性会随着洗涤的次数增多而下降，所以，在使用的过程中尽量避免过多的洗涤。

冲锋衣面料的种类，从材料的性能上来看基本可以分为两类：一类是ePTFE复膜的微孔型面料，目前国内只有GORE-TEX、DENTIK、eVENT这三种。它主要由一层比水滴分子小，比空气分子大的微孔薄膜复合在服装的外面料上组成的，它具有防水透气的性能，可以阻挡雨水的同时散发汗气。另一类是PU或TPU涂层（或覆膜）的亲水型面料，目前多个品牌都在使用该类面料。它的防水透气性能主要是靠无孔的防水层及亲水型的分子链结构来达到的。

4.3.2　冲锋衣面料性能分类

4.3.2.1　两层压胶面料

两层压胶面料特点是手感柔软、适用范围较广。这种面料在外面料上复合一层防水透气层，制作服装时往往还要在里面再加一层里衬，来保护防水透气膜层。

4.3.2.2　三层压胶面料

三层压胶面料特点是耐用性比较好。这种面料在外面料上复合一层防水透气层，然后直接再复合一层内衬，因而在制作成衣时无须再加里料。

4.3.2.3　两层半面料

两层半面料特点是极其轻薄，以便于携带。这种面料在外面料上复合一层防水透气层，然后再加一层保护层，制作服装时不需再加里衬，却比三层压胶面料要轻薄柔软得多，其中GTX PACLITE是具有代表性的面料。

4.3.3 两种类型的材料对比

4.3.3.1 ePTFE类面料的优点

ePTFE类面料具有超佳的防水、透气的性能，适用范围广，特别是在低温状态下表现出稳定性，缺点是耐洗性略差，价格较高。

4.3.3.2 PU类面料优点

PU类面料耐用性好，价格便宜，缺点是在较低环境温度时，由于材料性能的不稳定会造成透气性降低，适用范围也随之而缩小。

4.4 冲锋衣面辅料检验标准

4.4.1 冲锋衣的功能性检验

4.4.1.1 防水性

我国对于防水方面颁布的标准主要有：GB/T 4744—2013《纺织品　防水性能的检测和评价　静水压法》、GB/T 4745—2012《纺织品　防水性能的检测和评价　沾水法》、FZ/T 01004—2008《涂层织物　抗渗水性的测定》等。GB/T 4744修改采用ISO 811—1981标准、GB/T 4745修改采用ISO 4920—2012标准。GB/T 4744以织物承受的静水压来表示水透过织物所遇到的阻力，静水压测试标准见表4-1。试样的一面承受一个持续上升的水压，直到有三处渗水为止，记录此时的压力，以kPa或cm H_2O 来表示，数值越大，表明防水性能越好。

表4-1　静水压测试标准

标准号	标准名称	测试过程	区别
ISO 811	纺织织物　抗渗水性的测定　静水压试验	1.裁取5块具有代表性试样测试 2.试验用水为蒸馏水或去离子水 3.测试面出现三处渗水点，记录数值 4.织物破裂水柱喷出或复合织物出现充水鼓起现象，记录数值并说明现象	1.试验用水温度20±2℃或27±2℃ 2.进压速率为6.0kPa/min±0.3kPa/min（60cmH₂O/min±3cmH₂O/min）
GB/T 4744	纺织品　防水性能的检测和评价　静水压法		
AATCC 127	防水性　静水压试验		1.试验用水温度27±2℃（70±5°F） 2.进压速率为60mbar/min
JIS L 1092	纺织品　防水性试验方法		1.试验用水温度20±2℃ 2.A法（低水压法）进压速率为600mm/min或100mm/min B法（高水压法）进压速率为10.0kPa/min

如图4-1所示为抗静水压值测试。织物下面持续供水，当织物上面记录有三处渗水点时，此时的压力为抗静水压值。

GB/T 4745—2012用于测定各种已经或未经抗水或拒水整理织物表面抗湿性的沾水试验方法。试样与水平呈45°角放置，用规定体积的蒸馏水或去离子水喷淋试样，通过试样外观与评定标准及图片的比较，来确定其沾水等级。沾水等级分为1~5级，细化沾水等级至半级，1级表示受淋表面全部润湿，5级表示受淋表面没有润湿，其抗沾水性能最好。如图4-2所示为沾水性能测试，试样与水平呈45°角放置。

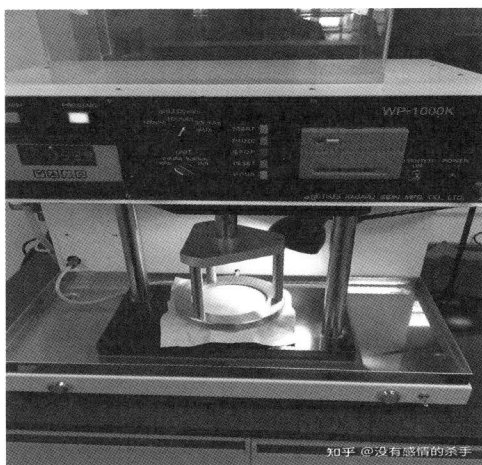

图4-1　抗静水压值测试

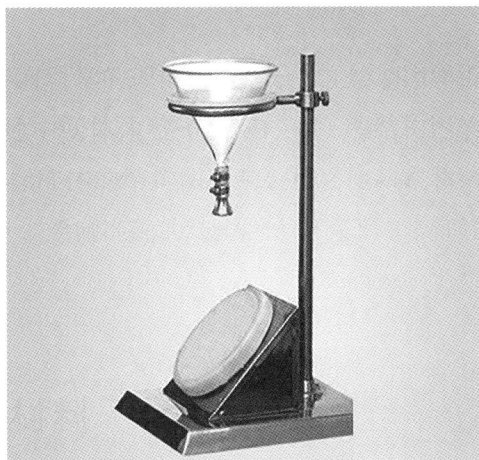

图4-2　沾水性能测试

4.4.1.2　透气性

透气性是空气透过织物的能力，以规定的试验面积、压降和时间条件下，检测气流垂直通过时的速率，单位为mm/s或m/s。数值越大，表示其透气性越好。其主要标准有GB/T 5453—1997《纺织品　织物透气性的测定》、ISO 9237—1995、JIS L 1096—2017等。我国 GB/T 5453等效采用 ISO 9237—1995，该标准推荐的试验面积为20 cm²，也可选用5cm²、50cm²或100cm²；服用织物压降100 Pa，产业用织物200 Pa，如上述压降达不到或不适用，经协商后可选用50Pa或200Pa压降。（需要注意的是当织物有涂层的时候，两面的透气性是不同的，注意测试的时候看清织物的正反面）。如图4-3所示为数字式织物透气测试仪。

4.4.1.3　透湿性

透湿性测试适用于评价织物在一定条件下水蒸气的透过能力。国内主要涉及透湿率、透湿度标准有GB/T 12704.1—2009《纺织品　织物透湿性试验方法　第1部分：吸湿法》和GB/T 12704.2—2009《纺织品　织物透湿性试验方法　第2部分：

蒸发法》等。透湿率表示在试样两面保持规定的温湿度条件下，规定时间内垂直通过单位面积试样的水蒸气质量，单位为 g/（m²·h）或 g/（m²·4h）；透湿度表示试样两面保持规定的温湿度条件下，单位水蒸气压差下，规定时间内垂直通过单位面积试样的水蒸气质量，单位为 g/（m²·Pa·h）。两种指标的数值越大，表示织物的透湿能力越好。两者主要区别在于吸湿法中透湿杯里放干燥剂，蒸发法中透湿杯里盛蒸馏水。图4-4为透湿杯，根据方法不同杯内选择放干燥剂还是蒸馏水，然后用测试布样蒙上，用螺丝上紧。

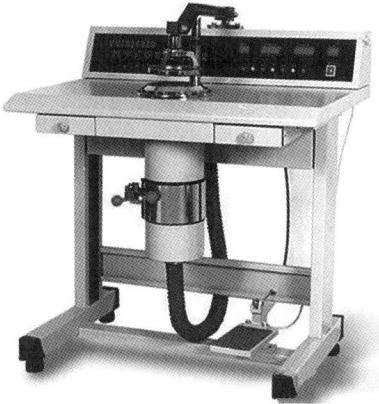

图4-3　数字式织物透气测试仪

图4-4　透湿杯

方法A：吸湿法

（1）向清洁、干燥的杯体内装入吸湿剂，装入的吸湿剂应形成一个平面，吸湿剂装填高度应距试样下表面3～4mm。

（2）将试样测试面朝上放置在杯体上，装上垫圈和压环，旋上螺帽，再用乙烯胶带从侧面封住杯体、橡胶垫圈、压环组成的试验组合体。

（3）迅速将试验组合体水平放置在已达到温度为38℃，湿度为90%，气流速度0.3～0.5m/s的试验箱内，经过0.5h平衡后取出。

（4）迅速盖上对应杯盖，放在20℃左右的硅胶干燥器中平衡0.5h，按编号逐一秤量，精度至0.001g，每个试验组合体秤量时间不超过30s。

（5）除去杯盖，迅速将试验组合体放入烘试验箱内，经过1h的试验后取出，按照步骤（4）的规定秤量，每次秤量试验组合体的先后顺序应一致。

方法B：蒸发法

（1）向清洁、干燥的杯体内注入10mL水。

（2）将试样测试面朝下放置在杯体上，装上垫圈和压环，旋上螺帽，再用乙烯胶带从侧面封住杯体、橡胶垫圈、压环组成的试验组合体。

（3）将试验组合体水平放置在已达到温度为38℃，湿度为2%，气流速度0.5m/s的试验箱内，经过0.5h平衡后，按编号在箱逐一秤量，精度至0.001g。

（4）经过1h的试验后，再按同一顺序秤量。如需在箱外秤量，秤量时环境温度与规定的试验温度差异不大于3℃。

4.4.1.4　吸湿速干性

吸湿速干性是把身体产生的汗水迅速吸收，尽量排向外层并尽快挥发，使身体尽量保持干爽的性能。主要标准涉及 GB/T 21655.1—2008《纺织品　吸湿速干性的评定　第1部分：单项组合试验法》、GB/T 21655.2—2009《纺织品　吸湿速干性的评定　第2部分：动态水分传递法》、AATCC 79 等。单项组合试验法主要评价织物对水的吸水率、滴水扩散时间和芯吸高度表征织物对液态汗的吸附能力，以织物在规定空气状态下的水分蒸发速率和透湿量表征织物在液态汗状态下的速干性能，技术要求见表4-2。动态水分递法测试液态水与织物浸水面接触后，沿织物的浸水面扩散，并从织物的浸水面向渗透面传递，同时在织物的渗透面扩散性能，考察含水量的变化与时间的函数。测定液态水动态传递状况，计算得出一系列性能指标，以此评估纺织品的吸湿速干、排汗等性能。吸湿速干技术要求见表4-2。

表4-2　吸湿速干技术要求

项目		评定要求
吸湿性	吸水率（%）	≥200
	滴水扩散时间（s）	≥3
	芯吸高度（mm）	≥100
速干型	蒸发速度（g/h）	≥0.18
	透湿量［g/（m²·d）］	≥10000

GB/T 21655.1方法标准中以织物的吸水百分率、滴水扩散时间和芯吸高度三种指标来表示织物的吸湿性能，以织物在标准大气环境中的水分蒸发速率和透湿量来表示产品的速干性能。

GB/T 21655.2方法标准中采用动态水分传递法评价织物吸湿、速干性和排汗性，即将试样浸水面滴入测试液后，利用与试样紧密接触的传感器测定液态水动态传递情况，从而计算得出一系列性能指标来评估纺织品的吸湿、速干、排汗等性能。性能指标评级见表4-3。

表4-3　性能指标评级表

性能指标	1级	2级	3级	4级	5级
浸湿时间 T（s）	>120.0	20.1~120.0	6.1~20.0	3.1~6.0	≤3.0
吸水速率 A（%/s）	0~10.0	10.1~30.0	30.1~50.0	50.1~100.0	>100.0
最大浸湿半径 R（mm）	0~7.0	7.1~12.0	12.1~17.0	17.1~22.0	>22.0
液态水扩散速度 S（mm/s）	0~1.0	1.1~2.0	2.1~3.0	3.1~4.0	>4.0
单向传递指数 O	<-50.0	-50.0~100.0	100.1~200.0	200.1~300.0	>300.0
液态水动态传递综合指数 M	0~0.20	0.21~0.40	0.41~0.60	0.61~0.80	0.81~1.00

注　浸水面和渗透面分别分级，分级要求相同，其中5级程度最好，1级最差。

　　具有吸湿速干性能的织物需要达到最低标准，织物的吸湿速干性能技术要求见表4-4。

表4-4　织物的吸湿速干性能技术要求

项目	性能指标	要求
吸湿性[a]	浸湿时间	≥3级
	吸水速率	≥3级
速干性[b]	最大浸湿半径	≥3级
	液态水扩散速度	≥3级
	单项传递指数	≥3级
排汗性[b]	单项传递指数	≥3级
综合速干性	单项传递指数	≥3级
	液态水动态传递综合指数	≥2级

注　a浸水面和渗水面均应达到。
　　b性能要求可以组合，吸湿速干性、吸湿排汗性等。

4.4.2　抽样检测方法

（1）货物数量：检查产品数量是否达到查验要求。

（2）唛头：核对唛头是否与客户要求相符。

（3）配比：检查物品配比是否与订单，唛头标注及客人要求一致。

（4）摔箱：检查商品及包装是否适用于运输保存。

（5）包装检查：检查货物包装是否符合要求。

（6）产品描述 / 款式 / 颜色的检验：检查产品与订单及样板在描述 / 款式 / 颜色上的一致性。

（7）尺寸测量：检测产品的尺寸是否与要求相符。

（8）抽样：随机抽取样品送专业实验室测试。

（9）挂牌及标注：检查挂牌及标注是否符合要求。

（10）发霉及活虫：检查产品中可有发霉及活虫。

（11）其他：检查客人提出的其他查验项目。

4.4.3　面料检验

（1）数量：检查产品数量是否达到查验要求。

（2）唛头：核对唛头是否与客户要求相符。

（3）疵点检验：多数情况下使用美国 4 分制。

（4）包装检查：检查货物包装是否符合要求。

（5）产品描述 / 款式 / 颜色的检验：检查产品与订单及样板在描述 / 款式 / 颜色上的一致性，颜色头尾、边中、匹间色差将是检查的重点。

（6）尺寸测量：检测产品的尺寸是否与要求相符，每批测 5 匹。

（7）称克重：测纬斜。

（8）其他：检查客人提出的其他查验项目。

4.4.4　服装质量检验

4.4.4.1　总体要求

（1）面料、辅料品质优良，符合客户要求，大货得到客户的认可。

（2）款式配色准确无误。

（3）尺寸在允许的误差范围内。

（4）做工精良。

（5）产品干净、整洁、卖相好。

4.4.4.2　外观要求

（1）门襟顺直、平服、长短一致。前抽平服、宽窄一致，里襟不能长于门襟。有拉链唇的应平服、均匀，不起皱，不豁开，拉链不起浪、纽扣顺直均匀、间距相等。

（2）线路均匀顺直，止口不反吐，左右宽窄一致。

（3）开衩顺直，无搅豁。

（4）口袋方正、平服，袋口不能豁口。

（5）袋盖、贴袋方正平服，前后、高低、大小一致。里袋、高低、大小一致、方正平服。

（6）领缺嘴大小一致，驳头平服、两端整齐，领窝圆顺，领面平服，松紧适宜，外口顺直不起翘，底领不外露。

（7）肩部平服，肩缝顺直，两肩宽窄一致，拼缝对称。

（8）袖子长短、袖口大小、宽窄一致，袖襻高低、长短、宽窄一致。

（9）背部平服、缝位顺直、后腰带水平对称，松紧适宜。

（10）底边圆顺、平服、橡根、罗纹要宽窄一致，罗纹对条纹。

（11）各部位里料大小、长短与面料相适宜，不吊里、不吐里。

（12）服装外面两侧的织带、花边以及两边的花纹对称。

（13）加棉填充物要平服，压线均匀，线路整齐，前后片接缝对齐。

（14）面料有绒（毛）的，要分清方向，绒（毛）的倒向应整件同向。

（15）若从袖里封口的款式，封口长度不能超过10cm，封口一致，牢固整齐。

（16）要求对条对格的面料，图案要对准确。

4.4.4.3 工艺要求

（1）车线平整，不起皱，不扭曲。双线部分要求用双针车缝。底面线均匀、不跳针、不浮线、不断线。

（2）画线、作记号不能用彩色划粉，所有唛头不能用钢笔、圆珠笔涂写。

（3）面、里料不能有色差、脏污、抽纱、不可恢复性针眼等现象。

（4）电脑绣花、商标、口袋、袋盖、袖襻、打褶、贴魔术贴等，定位要准确，定位孔不能外露。

（5）电脑绣花要求清晰，线头剪清，反面的衬纸修剪干净，印花要求清晰，不透底、不脱胶。

（6）所有袋角及袋盖如有要求打结，打结位置要准确、端正。

（7）拉链不得起波浪，上下拉动畅通无阻。

（8）颜色浅、容易透色的里料，里面的缝份止口要修剪整齐，线头清理干净，必要时加衬纸以防透色。

（9）里料为针织面料时，要预放2cm的缩水率。

（10）帽绳、腰绳、下摆绳在充分拉开后，两端外露部分应为10cm，若两头车住的帽绳、腰绳、下摆绳则在平放状态下平服即可，不需要外露太多。

（11）撞钉等位置准确、不可变形，要钉紧、不可松动。

（12）四合扣位置准确、弹性良好、不变形，不能转动。

（13）所有布襻、扣襻受力较大的襻子要回针加固。

（14）所有的尼龙织带、织绳剪切要用热切或烧口，否则就会有散开、拉脱现象。

（15）上衣口袋布、腋下、防风袖口、防风脚口要固定。

（16）裙裤类：腰头尺寸严格控制在 ±0.5cm 之内。

（17）裙裤类：后裆暗线要用粗线合缝，裆底要回针加固。

4.4.4.4　污迹

（1）笔迹：违反规定使用钢笔、圆珠笔在裁片号、工号、检验号上做标记。

（2）油渍：缝制时机器漏油；在车间吃带油食物造成。

（3）粉迹：裁剪时没有清除划粉痕迹；缝制时用划粉定位造成。

（4）印迹：裁剪时没有剪除布头印迹。

（5）脏迹：生产环境不洁净，缝件堆放在地上。

（6）水印：色布缝件沾水褪色斑迹。

（7）锈迹：金属纽扣、拉链、搭扣质量差，生锈后沾在缝件上。

4.4.4.5　整烫

（1）烫焦变色：熨斗温度太高，使织物烫焦变色（特别是化纤面料）。

（2）极光：没有使用蒸气熨烫，用电熨斗时没有垫水布造成局部发亮。

（3）死迹：烫面没有摸平，烫出不可恢复的折迹。

（4）漏烫：工作马虎，大面积没有过烫。

4.4.4.6　线头

（1）死线头：后整理修剪不净。

（2）活线头：修剪后的线头粘在成衣上，没有清除。

4.4.4.7　其他

（1）倒顺毛：裁剪排料差错；缝制小件与大件的毛向不一致。

（2）做反布面：缝纫工不会识别正反面，使布面做反。

（3）裁片同向：对称的裁片，由于裁剪排料差错，裁成一种方向。

（4）疵点超差：面料疵点多，排料时没有剔除，造成重要部位有疵点，次要部位的疵点超过允许数量。

（5）扣位不准：扣位板出现高低或扣位不匀等差错。

（6）扣眼歪斜：锁眼工操作马虎，没有摆正衣片，造成扣眼横不平、竖不直。

（7）色差：面料质量差，裁剪时搭包，编号出差错，缝制时对错编号，有色差面料裁片没有换片。

（8）破损：剪修线头，返工拆线和洗水时不慎造成。

（9）脱胶：黏合衬质量不好；黏合时温度不够或压力不够，或时间不够。

（10）起泡：黏合衬质量不好；烫板不平或没有垫烫毯。

（11）渗胶：黏合衬质量不好；黏胶有黄色，熨斗温度过高，使面料泛黄。

（12）钉扣不牢：钉扣机出现故障造成。

（13）四合扣松紧不宜：四合扣质量造成。

（14）丢工缺件：缝纫工工作疏忽，忘记安装各种装饰襻、装饰纽或者漏缝某一部位；包装工忘了挂吊牌和备用扣等。

4.4.5　外观质量要求

服装外观应整洁，无脏污、粉印水花、线头等缺陷，各部位熨烫平挺或平服，不允许有亮光、烫黄、烫变色等缺陷。各部位线路平服、顺直、牢固、缝纫及锁眼用线与面料相符，不允许有缺线、短线、开线、双轨线及部件丢落等缺陷。面料质量要符合标准要求，规格尺寸准确，对格、对条、对花的部位要符合合同的标准或成交样品的规定等。

服装检验标准将疵点分为A类和B类，具体介绍如下。

4.4.5.1　A类疵点

（1）A类疵点一般指影响服装使用和商品销售的，消费者不易自行修复的缺陷，主要规格超出极限偏差。

（2）一件（套）内出现色差，一个部位面料疵点超过标准规定，逆顺毛面料顺向不一致，对条格部位超过标准规定，对称部位超过标准规定，黏合衬脱胶、渗胶、缺扣、掉扣、扣眼没开、锁眼断线、扣与眼不对称。

（3）缝纫吃势严重不均，缝制严重吃纵，缺件、漏序、开线、断线、毛漏、破洞、熨烫变色、水斑、亮光、污渍。

（4）绣面花型周围起皱，漏绣露印，五金件品质不良，金属锈蚀，整烫严重不良，熨烫不平，洗水后明显不良，一件（套）内不一致，洗水后明显、黄斑、白斑、条痕。

4.4.5.2　B类疵点

（1）在某个部位明显较A类疵点轻微的缺陷。

（2）洗水后不明显的黄斑、白斑、条痕线路不顺直、不等宽，钉扣不牢，缝纫吃势略有不匀，缝制稍有吃纵。

（3）整烫折叠不良，里料与面料松紧程度不适宜。

第5章　冬季学生装工业样板制作规范要求

5.1　服装工业样板的分类

工业样板的种类很多，就其用途来讲大致可分为大样板、小样板、修片样板及绣花用楷花样板等。

5.1.1　大样板

大样板又称毛样板、裁剪样板等，也就是在裁床上排料、划样、裁剪时所用的样板。一般在裁剪车间里使用，它是保证成衣大规格、造型及工艺制作的主要依据与标准。

就其组成来讲，服装由面料、里料、衬料、填充料等组成。为防止大样板混乱、搞错，大样板又可分为以下几种。

5.1.1.1　面料样板

以冲锋衣为例，面料样板有前片、侧片、后片、挂面、领子、帽子、大袖片、小袖片、嵌线样板、装饰条样板等。

5.1.1.2　里料样板

同样以冲锋衣为例，里料样板有前片里、后片里、侧片里、大袖片里、小袖片里、帽里等。

5.1.1.3　黏合衬样板

黏合衬样板有前片衬、领衬、翻折线衬、前袖窿衬、大袋盖衬、手巾袋衬、嵌线衬、侧片袖窿衬、后片袖窿衬、后片肩衬、下摆衬样板等。

5.1.1.4　内衬样板（棉样板）

内衬样板是填充料中的喷胶棉、腈纶棉在裁剪时使用的样板。

上述面料样板、里料样板、黏合衬样板及棉样板，通常应分别制板，当然也有相互通用的情况，如面料样板与里料样板通用、面料与黏合衬样板通用等，但必须用不同的颜色和文字加以说明、区分。

5.1.2 小样板

小样板又称净样板、实样板或车工样板、辅助样板等，是扣烫、劈剪、勾缝、缉明线及定位时所用的样板，一般在缝制车间及后道工序中的锁钉车间里应用。其材料可用硬纸板、砂皮纸，也可使用粘上无纺衬的硬皮纸，甚至用铁皮等。其主要目的是控制成衣各种有规定的小规格，保证服装造型和规格的一致性及标准化，同时提高服装生产的效率。如裤子腰头、领子、贴袋、袋盖、省道、折裥及裤门襟缉线的部位，各个纽扣位置的确定，口袋位置的确定等。

5.1.3 修片样板

修片样板是修正各类裁片时所用的样板。一般在缝制车间里应用，其主要目的是保证成衣的大规格、造型、对条对格及对花要求等。例如，裁片经黏合衬黏合后有些面料会发生收缩与变形，为了保证成衣的大规格，要用修片样来修正；如丝绸西装的前片经黏合衬黏合后须用修片样来修正；又如，成衣砂洗丝绸衬衫制作时往往由于过肩与前后片的丝缕方向不一致，缩率不一致，有时过肩采用先裁毛片、预缩，然后用修片样修片的办法；其他的如有对条对格、对花要求的裁片往往也要用修片样逐片来修正，从而使服装的对条对格、对花等准确无误。

5.1.4 绣花用楷花样板

绣花用楷花样板是用于确定绣花形状和位置的样板。

工业板一般由服装公司或工厂的技术部门负责制作，即由技术科或纸样房（板房）的技术人员来完成。制订样板是成衣生产中的一个重要的技术环节，样板一经制订，各道工序的加工部门均严格按照样板的要求进行加工。

样板的准确与否，直接影响成衣的规格。

5.2 工业用样板的标准化

标准是指衡量事物的准则。标准化是指为了适应生产技术发展和合理组织生产需要，在产品质量、品种规格、零部件通用等方面规定统一的技术标准，称作服装工业生产中的样板，具有模具、图样的作用，是排料、划样、裁剪和服装缝制过程的技术依据，也是检验服装规格质量的直接衡量标准。服装产品的质量与工业用样板息息相关，所以，工业用样板要严格按照规格标准、工艺要求等进行设计和制作。工业用样板用于服装批量生产，规格公差规定、纱向规定、拼接规定等不同程度地反映在样板上，样板制作时一定要依照标准中的有关技术规定作出标示。

5.2.1　样板的技术含量

样板制作包括效果图设计、平面纸样设计、样衣缝纫制作和效果修订改正等过程。在这个过程中，样板制作者必须考虑如何利用最佳的技术手段在改善成衣品质、降低成本、提高效率、强化内涵的同时，完美地设计出工业生产用样板。

5.2.2　样板的权威性

样板制作在技术平台上代表企业技术形象，而技术形象应对的是服装市场开放式的竞争，一套样板的完成是通过反复测试、取样、修正的严格检验过程，更是技术保密的关键环节。把握样板的核心技术，就是确立了服装工业用样板在技术平台上的权威性。

5.3　工业用样板的专门化

现代服装工业化生产方式的标志是分工专门化，出现了专门的设计师、样板师、裁剪工、缝纫工、熨烫工等。这种生产方式的显著特点是生产批量大，由于专一化加工形式，使裁剪工、缝纫工等在生产中，往往只能遵循专一标准，这就要求在生产步骤、工序设置上要全面、系统化地适应这种生产形式的要求。

5.3.1　服装规格

服装规格是通过人体测量，得到不同类型人体的测量数值，通过科学分析，平均取得不同类型的标准尺寸。这个尺寸不是简单的人体复制，而是能美化人体的理想化体态，这个理想体态本身就是通过实际的系统方法测量、总结，并符合成衣的制作要求完成的。工业用样板的基本任务就是把规格尺寸系统化的转换成平面样板。

5.3.2　服装结构

简单地讲，服装结构是服装各部件的组合关系，工业用样板是这种组合关系的直接体现。如前后衣片、领、袖、下摆、口袋等都有各自独立的样板，把它们组合起来就是一款服装。工业用样板的制作，无论是数据的建立还是中间环节的运转，无论是技术的处理还是标准指令的确立，一切都应提供一种系统的制作方法。

5.3.3 样板在服装生产中的作用

工业用样板中的基准样板是用来校正裁剪样板、工艺样板的标准，是技术部门存档的资料性样板，裁剪样板是车间排料、划样等使用的样板，工艺样板是为了便于缝纫工艺操作和质量标准控制而使用的样板。尽管用途性质不同，生产要求也不同，但是每一个环节上的样板必须保证前后承接和配套的基本原则。样板的最终确认必须由设计师、样板师及销售人员在整合、集中、共享的基础上，进一步复核或修正后，方可投入正式生产。

5.4 服装工业样板的缩水率要求

5.4.1 成衣规格与样板规格

在裁制服装前，为防止成衣规格的缩小及服装不合身，往往采用面料预缩的办法。如棉、麻等面料可直接放入水里浸泡透，晾干后再裁制；丝绸面料在反面进行干烫预缩；毛呢料可均匀喷水或盖水布烫缩。

在工业化批量服装生产过程中及在商检或外贸出口检验中，都非常注意成衣规格的准确性与一致性，也就是说，工业化批量服装生产满足设计要求，先确定详细的成衣规格，然后打样、制作。外贸服装通常直接由客户提供或参考出口国的服装规格标准，并有一定的服装规格公差标准，超过或达不到服装公差标准范围内的服装，即使服装在其他方面的品质是最好的，均算不合格产品，要求非常严格。

在成衣生产中，由于工艺上的要求，面料通常不一定先进行预缩处理，而是在做成成衣后再去进行水洗或砂洗处理，此时的成衣规格可能由于面料受各加工工艺的影响产生收缩而变小。因此，在制作样板时，为了保证最终成衣规格在规定的服装公差范围内，样板规格就必须在成衣规格的基础上加放一定的量。通常情况下，样板规格不等于成衣规格，实际生产中采用先计算样板规格（制图规格），再进行制图。样板规格等于成衣规格加上面料缩率和工艺损耗率。

5.4.2 缩率

缩率包括缩水率（水洗缩率、砂洗缩率）、自然回缩率、缝制缩率、熨烫缩率等。

5.4.2.1 缩水率（水洗缩率、砂洗缩率）

缩水率与面料的纤维特性、组织结构、生产加工工艺过程等有着密切关系。各种纤维的吸湿性能都不一样，凡是吸湿好的纤维，通常缩水率就大，如棉布、丝绸等面料；反之，纤维吸湿差，面料的缩水率也较小，如涤纶面料。织物结构的紧密或稀松也会影响面料的缩水率，一般来说，稀松结构的面料要比紧密结构的面料缩水率大。另外，面料生产加工工艺不一样，面料的缩水率也不一样。因此，各类面料的缩率有大有小，即使是同样规格的面料，由于产地、生产厂家、生产日期采用的加工工艺不同，缩水率也会有所差别，而且，经纬向的缩水率也不一样，即直丝与横丝方向的缩水率一般不一致。通常是直料的缩率要大于横料，因为在织造及印染加工过程中，经纱受到的拉伸张力要大于纬纱。

5.4.2.2 自然回缩率

自然回缩率是由于各种面料在织造、印染等生产加工过程中，受到一系列的机械拉伸，使面料产生一定的伸长并形成了一定的内应力，当面料经裁剪变成裁片以后，由于消除了约束力，面料会有一个自然回缩的过程。例如，丝绸面料如果出厂就裁剪，回缩率就稍大，随着时间的推移，由于内应力的逐步消除，自然回缩率会逐步减小。这就是为什么有时候用同样的样板来制作丝绸服装，随时间的推移，成衣规格会逐渐变大的原因。另外，由于面料在铺料时具有一定的张力，特别是弹性好的面料，尽管我们要求铺料张力很小，等裁剪刀裁下衣片，仍然会有一些自然回缩率。同样，为了保证成衣规格的准确，在制作样板时需考虑自然回缩率的影响。但有时面料沿斜丝方向裁剪，裁下以后反而会自然伸长，这时需要在制作样板时减小尺寸。

5.4.2.3 缝制缩率

缝制缩率是指面料经过缝制加工后，缝口产生的长度缩短。缝制缩率与缝口的形状（平缝、勾压缝、来去缝、包缝等）、缝线张力、压脚张力、面料性能等有较大关系。一般是缝纫缉线越多，缝缩越大，如缉双线的缩率要大于缉单线的；缝线张力、压脚压力越小，缝缩就越小；面料越薄、结构越稀松，缝缩就越大。

5.4.2.4 熨烫缩率

熨烫缩率是指在服装加工过程中由于受到热湿的作用（熨烫）而产生的缩率。熨烫缩率主要与面料的性能有关，大部分面料经熨烫后会产生收缩，且直丝与横丝方向一般缩率不同，也有少量的面料经熨烫后反而会产生伸长的现象。

5.4.2.5 其他缩率（水洪缩率、砂洪缩率）

服装成品在整烫之后要进行检验、修正、包装等工作。检验、修正服装前后通常要挂在衣架上，如果服装包装形式采用挂装的话，某些面料由于自重的作用会造成长度方向产生伸长，向纬度方向收缩，如人造纤维面料等。对于折叠包装，需要折叠整齐平整，当折转后再打开时容易起皱而缩小尺寸，所以还需要适当考虑折转的影响。另外，由于面料具有厚度，成衣在纬度方向测量时尺寸也要变小，特别是衣片分割较多的款式，需要考虑折转的影响。

5.4.2.6 解决缩率方法

（1）面料解决方法。面料预缩。一般高档的服装、要求对条对格的服装在制作前要先用预缩机预缩面料，并放置一定时间，让面料在裁剪前得到充分回缩。

（2）样板解决方法。缩放样板。在打板前先看面料，并结合制作工艺，考虑缩率的大小，适当缩放样板。

根据以往的经验，大致确定缩率的大小。如11216号12mm电力纺，成衣砂洗时，直丝缩率约为6%，横丝缩率约为1.5%等。也可采用测试面料的办法，如某款裤装采用纯棉纱卡面料，需要成衣砂洗，而该面料以前尚未加工过，则一般将面料作好标记，送到砂洗厂去砂洗处理，然后测量其直、横料的缩率。大烫缩率也采用同样的办法，作好标记，大烫面料，然后测量缩率。根据估算或测试到的缩率，作为计算样板尺寸的依据，再考虑缝制等其他工艺的影响。算好样板尺寸，即可制板。然后试样衣，根据样衣来核对成衣规格，修正样板，确定作为批量生产进行推档的中心样板，或称母板、标准样板、基准样板等。

总之，缩率在工厂实际生产中是一个比较棘手的问题，有时会由于不同车间、不同班组的工艺略有不同，或者车工之间技术水平的差异，用同一样板制作的成衣，规格也会有所变化，所以，在批量生产时，必须严格按样板及工艺进行生产，以使成衣规格在规定的公差范围内。

5.4.3 样板制图要求

如前所述，服装的单件制作往往直接在面料上进行制图，并随即剪裁成衣片和各零部件。有时为图方便，还可先裁大片，并进行部分缝制，而后裁剪某些零部件，再进行缝制，以确保各部件间装配的准确性。例如，在制作西裤时，可以先裁四大片及口袋所需要的零部件进行缝制，暂时不剪裁腰头，然后裁其他部件，并继续进行缝制。又如衬衣的制作，可采用装领前先量领口的实际大小，再裁配领的方法等。退一步讲，即使所有衣片、零部件同时制图裁剪，到装配时发觉有较大误差而装配不上时，也可进行适量的调整与修改，如衣领、腰头、衣袖等在装配有困难时可以进行适量的修剪。因此，在基本满足规格要求的前提下，在缝制过程中可略作修改，特别是各相关部件的缝合配合上可作一定调整，所以做衣有"三分裁，七分做"的说法，说明缝制在单件服装制作过程中的重要性，相对地就降低了制图的要求以及各零部件之间的配合要求等。

服装大工业生产由于是批量生产，不可能一件一件地划样裁剪，更不可能采用先裁剪大片、而后缝制、再配零部件的办法，这是因为：

第一，由于面料往往会存在色差，特别是单色棉布和丝绸面料，所以尽量将一件服装用料排在一起，并采用避免色差的排料技术措施，排料时一定要一起排，不允许有零部件遗忘，因为在配片时，配色会非常困难。

第二，服装工业生产非常注重省料，在目前的加工单中尤为重要，同样要求所有的衣片与零料一起划好，一起排料下裁。

第三，工业化生产是流水作业，各道工序均有明确的分工并由不同的工人共同完成成衣，加工成衣规格要求非常严格，不允许个人随便加以修剪调整，俗称"缝工不动剪刀"。否则，一个人修剪成一个样，不仅规格难以保证，而且造型会不一致，故各道工序只能按照样板及工艺单、工艺要求来严格执行，这样就要求样板准确无误，否则在加工过程中误差会累积，误差越来越大。

由于工业化生产经常采用先制作、后成衣处理的工艺，如要进行成衣砂洗、水洗、石磨等，由于衣片装配在一起的许多地方，丝缕方向不尽相同，缩率也就不一致，这就要求在打样时事先加以考虑，以保证部件间装配的准确及成衣的品质。例如，成衣砂洗的丝绸衬衫，其样板的袖窿弧线反而要比袖山弧线长，原因是袖窿的直丝部分与袖山的横（斜）丝部分装配在一起，砂洗后袖窿的直丝部分比袖山的横（斜）丝部分收缩大，故制作样板时要将袖窿的直丝部分根据缩率略放长，以保证袖窿与袖山的装配准确以及砂洗后整个袖窿规格符合成衣规格的要求。

总之，工业样板的制图要求非常高，并要求面料、里料、黏合衬、内衬样板等一起制作好，不能有任何遗漏，要求仔细，各部件之间的装配要求事先要控制准确，如衣领与领圈、衣袖与袖窿等。特别是成衣有后处理时，制图的要求更高，如纯棉服装要水洗、丝绸服装要成衣砂洗等。工业样板在尺寸、形状等方面与一般的服装结构制图有较大的差别，从书本上拿来的服装结构图往往不能直接应用。

5.4.4　样板管理

工业化服装生产往往是由不同的车间、不同的班组、不同的工人共同来完成同一款式甚至是同一规格的服装，而在各道工序的加工过程中或多或少会有一些误差，如划样可能有误差，在裁床上裁剪时可能会偏刀，相同面料缩率也不一定完全相同，缝制时也会有误差。为保证成衣规格的准确及造型的一致性，除严格执行工艺操作规程外，还需要在缝制过程中采取一定的技术措施，及时进行调整，这就需要许多小样板进行控制，具体要由缝制车间里的小烫工（桌板工）来完成，否则同款的一百件服装可能会变成一百个样子。利用小样板，无论由谁来制作，都能制作出同一规格、同一造型、同一质量要求的服装，即标准化、一致性。当然，还要同时用工艺单等技术措施来加以控制。

小样板的制作受传统习惯、生产加工工艺、服装款式、设备及面料等影响，即使是同一款服装，在不同服装公司、厂家制作时会略有不同。小样板的制作比较灵活，但其最终目的是一致的，即保证成衣规格及造型的一致性和提高生产效率。一般来说，成衣质量、规格要求越高，加工越仔细，小样板就越多。

5.4.5 样板缝份加放及图示说明

缝份大小主要取决于服装款式、生产工艺及面料性能。如前所述，成衣规格要求较严，如缝份稍有误差，就会使成衣规格超出公差标准范围。特别是出口外贸服装，若规格不符，就成为不合格产品。如裤装一般由4大片组成，腰臀处共有8条缝子，而且还有后省、前褶等影响，如果每条缝子误差0.3cm，累加起来就有2.4cm，远远超过了国家标准腰围所允许的公差范围（±1.5cm）及臀围所允许的公差范围（±2cm）。因此，首先要在样板制作准确的前提下，按客户或设计的要求，正确缝份，准确地确定各种省道、褶裥等的位置与大小。其次，必须在纸样（样板）上清楚地表示出来，采用的方法有图示说明及文字说明两种，如确定缝份大小、省道大小及刀眼位、褶裥大小、折叠方向等。这样，使在各道工序中的工作人员有据可循，清楚、准确、方便地进行生产。

5.4.6 系列化服装工业样板

成衣是一种商品，要求同样款式的服装能适应各种不同身材和体形的穿着要求，尽量使每个人都能买到合乎自己体形要求的服装，这就需要进行成衣规格设计，形成多种成衣规格。在服装工业生产中，如前所述，外贸出口服装一般由客户提供或参照出口服装规格标准。我国则通过对不同地区、阶层、年龄等人群的调查研究，制定了新的《服装号型》国家标准，使成衣成为标准化、系列化产品，可进行成批工业化生产。相应的工业样板是不同规格的一套系列化样板，少的有几个规格，多的达十多个甚至是几十个规格，因此就需要进行推档（或称推扳、放码等），这是一项技术性较强的工作。

5.5 服装工业用样板制作方法

按照用途，服装工业样板分为裁剪样板和工艺样板，裁剪样板是用作排料划样、裁剪衣片的模具和型板。工艺样板则是在缝制工艺过程中，用作某些部件、部位的型板、模具和量具。

　　制板是结构设计的后续工作，必须要有扎实的结构设计基础，不精通服装结构设计原理很难把样板完成好，特别是款式、结构变化多样的时装样板的制板难度更大。服装工业用样板制作要按照国家号型标准把我国成年男女分成四种体型。（Y、A、B、C）中的 A 体型作为标准体样板制作出来，作为基础母版，通过基础母版，缝制不同身高人群的全套样板。比如，170/90A 和 160/84A 分别是男女中间标准体，首先制出基础母版，再按不同身高人群绘制 A 体型全套样板。Y、B、C 体型的中间体（170、160）的样板制作方法相同。运用不同体型的中间体样板进行样板缩放，才能将全套样板制好。用计算机辅助能缩短制板时间，提高工作效益，适应现代服装工业的发展。

　　服装工业制板的技术水平要求很高，要有科学的理论作为指导，在绘制净样板之前，一定要将 A 体型中间标准体以外其他中间体体型（Y、B、C）的结构图绘制出来。Y、B、C 体型的结构图利用中间标准体的结构图绘制，可以使款式和结构不走样。工业用样板都建立在结构图之上，绘制准确的结构图才能为下一步打好基础。

5.6　制作工业样板的工具及材料

5.6.1　制作样板的工具

　　制作服装样板首先要有一张平整的工作台，能够平铺摆放纸张，一个 20～40cm 的有机玻璃三角板，一把 100cm 长的有机玻璃直尺及弯尺、曲线板，一把 20～30cm 的小直尺等。制作样板需要一定的材料，对材料的要求是伸缩性小、坚韧、表面光洁。

5.6.2　制作服装样板的材料

5.6.2.1　普通白纸

普通白纸只能作为样板的过渡性用纸，不能作为正式样板材料。

5.6.2.2　牛皮纸

牛皮纸宜选用 100～130 g/m^2 的规格。牛皮纸薄、性能好，成本低、裁剪容易，但硬度不足。牛皮纸适宜制作小批量服装生产的样板用纸。

5.6.2.3　裱卡纸

裱卡纸宜选用 250g/m^2 的规格。裱卡纸纸面细洁，厚度适中，韧性较好，适宜制作中等批量服装生产的样板用纸。

5.6.2.4　黄板纸

黄板纸宜选用400~500g/m²的规格。黄板纸较为厚实、硬挺、不易磨损，适宜制作定型样板或作为大批量服装生产的样板用纸。

5.6.2.5　砂布

选用细号铁砂布与塑料片附在一起用于制作缉线工艺的样板，利用铁砂布的摩擦力可以防止样板移位。

5.6.2.6　白铁片或铜片

选用薄的白铁片或铜片，主要用于制作熨烫工艺样板和可以长期使用的工艺样板。

5.7　样板制作的技术依据

5.7.1　款式结构图

款式结构图不同于服装效果图，是按照实际比例绘制的服装款式平面结构图。绘制时以正面视图为主，背面视图略小，对于某些特殊设计或较为复杂的部位，还应画出局部放大图，并作必要的文字说明。款式结构图是样板制作的依据。

5.7.2　服装成衣规格

服装企业成衣生产规格的构成通常依据三个方面。

（1）实际测量人体体型取得数据。

（2）由客户或定向销售单位提供数据。

（3）按照国家服装标准的要求，设计和编制出号型规格表。

5.8　裁剪样板的制作

裁剪样板是作为排料划样、裁剪衣片的模具和型板，在样板制作时要做好以下工作。

5.8.1　样板的缝份

缝份是在净样板的基础上加放一定的缝合量，使之成为毛板。加放的缝合量一般统称为缝份。在工业用样板制作过程中，由于服装款式各异，面料组织结构的差异及厚薄不同，服装制作工艺及机器类型的限制，服装的品质及组织结构等方面的不同，都会影响实际生产，因而对服装样板的缝份也有不同的要求。

5.8.1.1　服装面料厚度对缝份的不同要求

样板缝份的主要标准是根据所使用面料的厚度而定。按照面料厚度的区别可划分为薄、中、厚三种缝份。厚织物（如厚呢子、粗呢、海军呢等）缝份量一般为13~15cm；中厚织物（如花呢、薄呢、精纺毛织物、中长纤维织物等）缝份一般为1cm；薄织物（如针织物、棉、麻、丝、薄化纤织物等）缝份一般为0.8~1cm。

5.8.1.2　样板结构形式对缝份的不同要求

样板各部位的结构形式不同，对缝份的要求也不同，接缝长度较大的部位缝份要按实际情况而定。例如，袖窿、领口等处，缝份太大缝制时容易产生褶皱。工业用样板的缝份设计要尽可能做到整齐划一，这样不仅有利于提高生产效率，同时也能提高产品的质量，如衬衫衣领和领口弧线的缝份通常为1cm，缝制后统一修剪为0.5cm，既可以使领口弧线部位平服，又可以避免因面料脱散而影响缝份不足。增加牢固性的部位缝份要宽些，如西裤后中线的缝份可以是2.5cm，上身衣片的前后侧缝可以是1.5cm。

5.8.1.3　不同的缝合方式对缝份的不同要求

所谓缝合方式就是缝型。缝型的种类繁多，可根据服装的不同款式、不同的部位和工艺要求进行选用，不同的缝型对缝份的要求也不同，平缝是一种最常用、最简便的缝合方式，缝份一般为0.8~1.2cm。对于一些较易散边的疏松面料，在缝制后将缝份叠在一起，锁边常用的缝份为1cm，衣片缝制后将缝份分缝熨烫1.2cm。对于服装的底边、袖口、裤口等采取的缝型一般有两种情况：一种是锁边后折边缝，缝份量即为所需折边的宽度。以平摆款式服装为例，夏装上衣折边缝份一般为2~2.5cm，冬装上衣折边缝份为2.5~3.5cm，裤子、西装裙的折边缝份一般为3~4cm。另一种是直接折边缝，直接折边缝往往需要两次折边，如圆摆衬衣、喇叭裙、圆台裙等边缘，缝份一般为1~1.5cm，缝制完成后的折边一般为0.5~1cm。另外，学生装样板设计要考虑到儿童的生长因素，常常需要多留出一些折边量以便改制放长。

5.8.2　样板上必要的文字标注

5.8.2.1　产品名称、货号或款号

对整套工业用样板要标注统一的产品名称、货号或款号，既有利于样板的管

理，又防止多套样板之间的串板。

5.8.2.2　样板的号型规格

为了便于管理，同时也为了裁剪和缝制时有数量和技术的依据，需要标注样板所属的号型规格，如160/80A、165/84A或S、M、L等。对于各号型通用的样板，如袋布、嵌线、门襟等，则应将通用的号型规格标注在同一样板上。

5.8.2.3　样板的结构名称

整套样板中不同结构部位的样板要标注不同的名称，如前片、后片、贴边、大袖片、小袖片等。

5.8.2.4　样板的种类和使用部位

标明样板是面料样板还是里料样板以及使用的部位。通常标注在样板的结构部位名称后，如前片（面）、前片（里）、前片（衬）等。

5.8.2.5　样板的布丝方向

样板中要标注布丝方向，无论是直丝（经向）还是横丝（纬向）以及斜丝（45°），都是裁剪时摆放样板的重要依据。通常用双箭头符号标注在样板的中心位置，如果样板使用顺毛向的面料时，则用单箭头符号标注。

5.8.2.6　样板的裁片数量

通常与样板的结构部位名称和样板使用的材料组合起来一起标注，如前片面×2、前片里×2、大袖片面×2等，表明前片面料、前片里料和大袖片面料各裁剪两片。

5.8.2.7　其他标注

左右不对称的衣片和部件，应标明左右片；前后或上下容易混淆的样板，如袋盖、贴袋等，应标明前后或上下；需要利用面料布边裁剪的样板，应标明用光边的位置。

5.9　工业用样板的订正与确认

5.9.1　样板的订正

样板的订正其实就是对样板修订改正的过程，样板的订正不仅是针对样板常规检验中不合格的样板进行订正，还要通过样衣试制对样板进行订正，以保证缝合时拼合部位的完整性。样板的订正如图5-1~图5-3所示。

样板订正通常涉及以下问题。

（1）工业用样板必须规范、严谨、准确。所有的要求、标准均来自款式特征、

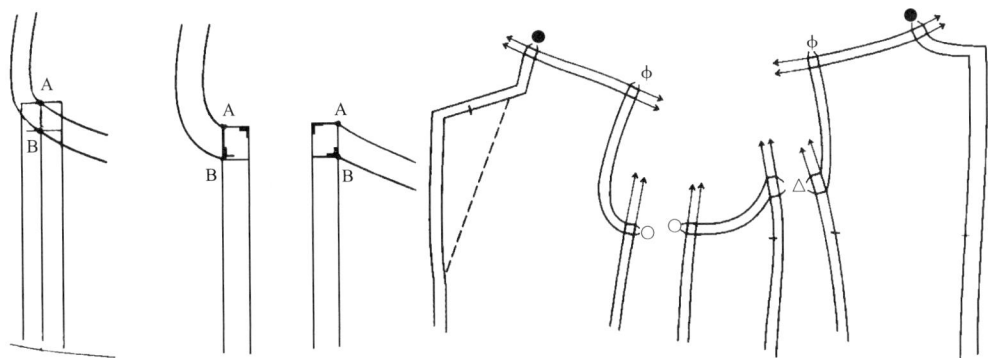

图 5-1　衣片样板订正方法

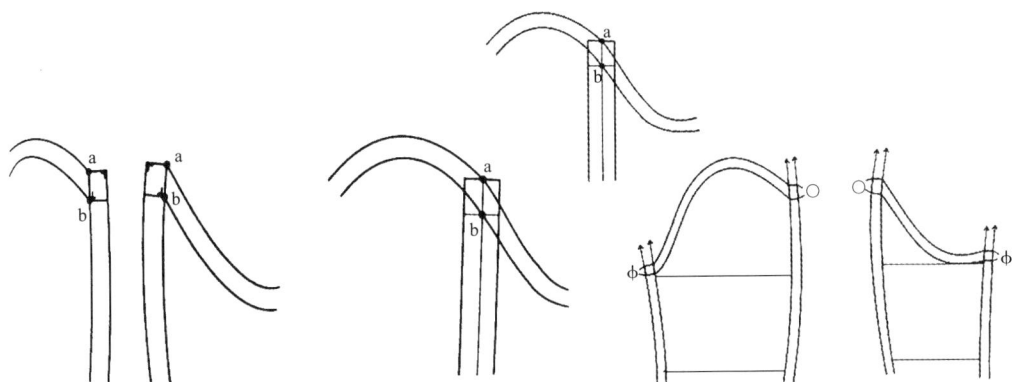

图 5-2　衣袖片样板订正方法

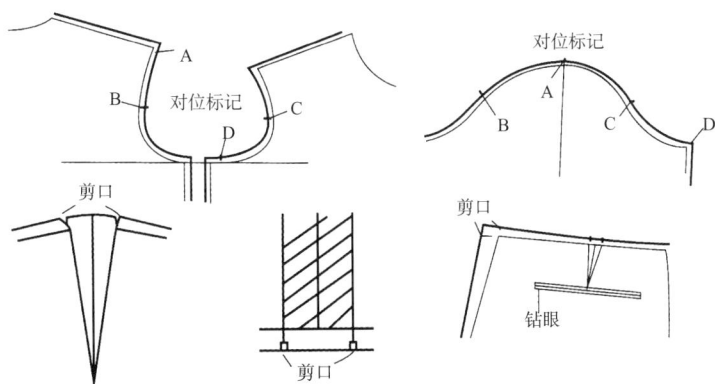

图 5-3　剪口、钻眼、对位标记的订正方法

号型规格、工艺结构。

（2）单件样衣认可后，需要通过小批量生产试样，进一步订正样板。

（3）样板的制作设计要符合批量生产以及流水作业的加工工艺。

（4）样板订正是从合理到更加合理、从理想到更加理想，在外观造型不变的基础上订正内部的结构，使之实现进一步美化人体、提高效率、提高品质等作用。在不影响外观造型效果的前提下，为了方便排料、节省面料，可以考虑改变工艺分割线的位置和数量。但订正时需要与设计师、排板裁剪人员互相沟通，个人一般不可擅自作出决定。

（5）样板订正所增减的尺寸应均匀分配在相应配套的样板上，以保证造型的稳定和尺寸的均衡。

（6）无论怎样修改，订正后的样板应达到样板常规检查的各项要求。

5.9.2　样板的确认

样板制作完毕并不是样板的最终确认。样板作为服装产品的中介条件，必须通过制成样衣，来验证样板是否达到了设计意图和客户要求，这个时候的样板被称作"头板"。当样衣没有原则通过，对"头板"进行修改、调整甚至重新设计制作，这个时候的样板被称作"复板"。通过"复板"制成样衣，最后经过确认才能成为正式生产样板。总之，工业用样板的完成，必须通过实物验证才能确立，否则样板设计只能是纸上谈兵。

5.10　工业用样板的检验

一套完整的服装工业用样板，需要通过各种指标的检验和样衣确定才能最终投入成衣生产，因此必须对样板进行严格的检验。

5.10.1　样板检验的项目

（1）服装款式。

（2）号型规格。

（3）各片样板的尺寸。

（4）样板结构的边线直线是否顺直，弧线是否圆顺。

（5）样板缝合边线的长度是否一致。

（6）样板组合之后的整体效果是否符合设计要求。

（7）缝份量是否符合工艺要求。

（8）样板的规格尺寸与使用材料的缩水率是否相符。

（9）打剪口及钻眼定位部位是否准确。

（10）文字标注是否清楚、准确，有无遗漏。

（11）布丝方向（经向符号）是否准确。

（12）零部件是否齐全。

5.10.2 样板检验的方法

（1）目测。目测的方法简便、快捷，但因个人的知识水平、实践能力各不相同，使用目测检验样板可根据自己的经验灵活运用掌握。

（2）尺寸测量。在样板检验中，尺寸测量是最可靠最准确的方法，使用这种方法的核心一是测量工具，二是规格尺寸及允许误差。

（3）测量工具。检验样板使用的工具必须与打制样板使用的工具相一致，否则会造成尺寸上的偏差。另外，测量工具还要保证形状完整、刻度清晰，做到专门保管、专门使用。

（4）规格尺寸。符合规格、尺寸准确是样板检验的重要内容。但工业用样板由于技术条件、纸张材料、工具设备等因素，不可避免地存在着尺寸上的误差，这就要求在测量时务必把样板的各项规格控制在规定的允许误差之内。

（5）样板之间互相对比。用互相对比的方法检验样板同样简便、可行。但仅限于同类、配套、相互衔接的样板之间使用，并不适用于所有样板。

5.10.3 样板检验的内容

（1）规格尺寸的检验。制作完成的样板必须经过检验，检验样板尺寸是否符合实际规格或客供尺寸。检验的项目主要有长度、围度和宽度。长度包括衣长、袖长、腰节长、裤长和裙长等，围度包括胸围、腰围和臀围，宽度包括肩宽、胸宽、背宽和袖口、脚口等。检验时，利用直尺或软尺，测量样板的各项尺寸与实际规格或客供尺寸是否相符，以及是否符合允许误差。

（2）缝合线的检验。样板中的缝合线通常有两种形式，一种是等长缝合线，检验时要求两条对应的缝合边线应相等。另一种是不等长缝合线，为了达到缝合后的塑形效果，有时需要在一条缝合边线的特定位置作伸（拔）的处理，另一条缝合边作缩（归）的处理。因此，作拔的样板边线要短些，作归的样板边线要长些，归拔的幅度越大，两个缝边的差量越大，但是这种差量是有限的，如前后肩线、前后袖内缝线、袖山和袖窿弧线等。需要打褶的缝合线差量较大，具体要看样板的尺寸是否符合成品要求。

（3）缝份的检验。缝份的检验主要检验样板中的缝份量是否符合工艺要求缝份量。既要依据面料厚薄的情况，还要考虑缝合后的表面效果，更要根据样板的结构形式，如西装的驳口处一般设定为1cm的缝份。

（4）定位标记的检验。样板中的定位标记是为了确保产品质量所采取的有效手段。打剪口通常定位在缝合线的凹凸点、接缝处以及特定的省道、褶裥范围处，钻眼通常标记在样板的中间，无论哪一种方式，都是起到指示的作用。

（5）布丝方向的检验。布丝方向的检验也称对布丝。布丝在服装造型中十分重要，甚至整个结构设计的成功与布丝都有着密切的联系。由于机织面料经向、纬向的布丝强度和弹性不同，因此在样板中改变布丝方向所产生的造型效果不同，也就是说布丝性能和理想的造型是有一定条件的。一般对服装强度要求大的时候要用经向布丝，如衣身、裤子、育克、腰带等；当服装的造型强调随意、自然，带有动感效果时要用纬向布丝，如斜裙、大翻领、大领结等。

（6）样板总量的检验。工业用样板的分类设计越细致，生产效率越高。因此，一件服装产品的样板必须总量大而且作用分明，这种管理取决于对每套样板总量的检验复核。包括面料样板、里料样板、衬料样板、配料样板和特殊材料样板（如垫肩、丝棉样板）等，数量要完备齐全，并进行分类编号管理。

5.11 工业用样板的管理

工业用服装样板相对于其他的服装样板要求严格得多，因为使用样板的人一定要按照样板所标注的各类符号，原原本本地将样板复制在面料上，不能有随意性。由于工业用样板的作用要求准确，功能性分明，实际裁片和样板必须相一致。在管理上，应根据各类样板作用的不同，用不同的编号、字母加以区别，甚至可以用颜色各异的纸板进行归类管理。例如，两个款式分别用字母A、B表示，根据A、B两款的号型规格和面料样板的裁剪数量，可以编号为：SHE-08-A女式连衣裙160/82A后片（面）×2，SHE-08-B女式连衣裙160/82A后片（面）×4。

样板中的数字编号是很重要的环节，一旦在排板或使用中发现丢失，可以从任何单片样板中查找出缺少的样板，以便及时补缺。但是无论何种情况下，样板的短缺、损坏都会给生产带来损失，为此应建立严格的样板管理制度，以确保生产顺利进行。

5.11.1 样板的登记内容

（1）产品名称、产品货号或款号、号型规格、销往区域或单位、合同号等。

（2）号型规格、面料、里料、衬料、配料样板及各类辅助工艺样板的数量。

（3）样板制作人、检验复核人及验收日期。

（4）样板入库保管日期和使用有效期限。

5.11.2　样板的存放保管要求

（1）样板的存放保管应安排专人负责。

（2）应选择干燥、整洁、通风良好的环境。

（3）样板应采用合理的方法存放，切忌污损、折叠。

（4）存放保管期间，应定期检查样板的数量和形状是否完整。

（5）对于经常使用的样板，应该保存一套样板的备份，以便样板破损时及时更换。

（6）长时间放置的样板再次使用时，应重新检验样板的各项内容，杜绝使用已经变形的样板。

5.11.3　样板的领用制度

（1）样板领用必须填写样板领用单据，经技术部门负责人审批同意。

（2）样板领用人在领取和归还时，需清点样板数量和检查样板的完好情况。

（3）样板管理人员应在样板管理使用登记表上认真填写好各项记录。

第6章 冬季学生装工艺技术标准

6.1 工艺技术标准范畴

6.1.1 服装质量的定义

服装质量是指服装应具备符合时代潮流的款式，裁剪合体、穿着舒适、坚固且具有一定功能等质量要求。

6.1.2 服装技术标准的种类

（1）国际标准：是由国际标准化团体研究通过的标准。如国际标准化组织制定的ISO标准，国际羊毛局制定的IWS标准等。

（2）国家标准：由国家标准化主管机构批准、发布，在全国范围内统一使用的标准。国家标准的代号是GB。国家服装标准是《中华人民共和国国家标准 服装号型》GB/T 1335。

（3）部颁标准：由主管部门批准发布的、在某部门范围内统一使用的标准。

（4）专业标准：由专业标准化主管机构或专业标准化组织批准发布的、在某专业范围内统一使用的标准。

（5）企业标准：由企业或其上级有关机构批准发布的标准。

（6）内部标准：是工厂为了不断提高产品质量，以满足用户要求和适应市场竞争的需要而制订的产品质量标准，常常反映某个企业产品的特色。

6.1.3 检验的定义

检验是用某种方法对产品进行测定，将其结果与评定标准比较，以便确定每个产品的优劣或批量的合格与否。

6.1.4 外观质量的鉴别

（1）服装的主要表面部位有无明显织疵。

（2）服装的主要缝接部位有无色差。

（3）服装面料的花形、倒顺毛是否顺向一致，条格面料的服装主要部位是否对称、对齐。

（4）注意服装上各种辅料、配料的质量，如拉链是否滑爽、纽扣是否牢固、四合扣是否松紧适宜等。

（5）有黏合衬的表面部位，如领子、驳头、袋盖、门襟处有无脱胶、起泡或渗胶等现象。

（6）整衣上是否有 2 根 2cm 以上的线毛存在（指未修剪掉的和"粘"在上面的）。

6.1.5　缝制质量的鉴别

（1）目测服装各部位的缝制线路是否顺直，撞色线是否无接头，针距是否是按标准 13 针 /3cm（特殊工艺特殊对待），拼缝处是否有断线现象，是否平服，装袖吃势是否均匀、圆顺，袋盖、袋口是否平服，方正下摆底边是否圆顺平服。服装的主要部位一般指领头、门襟、袖窿及服装的前身部位，是需要重点注意的地方。

（2）查看服装的各对称部位是否一致。服装上的对称部位很多，可将左右两部分合拢，检查各对称部位是否准确。例如，看服装上的对称部位，如衣领、门襟里襟，左右两袖长短和袖口大小，袋盖长短宽窄，袋位高低及省道长短等是否一致。裤子的前、后裆拼缝是否是两道重叠线（裆逢压线的除外），是否有歪腿的现象。

6.1.6　服装生产的管理点

原则上，管理点越多越好。但是如果管理点过多，花在检验上的时间便会增加，无形中增加了成本。在何处设立管理点，可根据各车间、部门的特点、经验和技术水平来确定。在决定管理点时，必须事先具体确定下述内容。

（1）在工序的何处检验，即 Where。

（2）检验何种特性，即 What。

（3）何时检验，即 When。

（4）由谁负责检验，即 Who。

（5）用什么方法检验，即 How。

6.1.7　抽样所需的条件

简单地说，抽样就是按某种目的、从母体（总体）中抽取部分样品。抽样时必须满足下述条件。

（1）根据目的抽样。

（2）便于实施与管理。

（3）要考虑经济效益。

（4）抽样时不可出现因人而异的现象。

（5）工作方法简便，他人易于理解。

（6）抽样对象根据工序的不同而随之改变。

（7）具有判断抽样方法是否恰当的能力。

6.1.8 服装质量检验分类

服装质量检验按生产过程可分为以下几个方面：入库检验、样板复核、裁剪检验、半成品检验及成品检验。

6.1.8.1 入库检验

入库检验是指面料、辅料、部件或产品入库时的检验。面料的入库检验一般包括数量复核、匹长检验、门幅检验、纬斜检验、色差检验、疵点检验、缩水率检验等。

6.1.8.2 样板复核

样板复核的检验内容如下：

（1）款式结构是否符合要求，样板是否有遗漏。

（2）根据工艺单复核各部位的尺寸规格。

（3）各样板间的配置是否正确，归拔是否恰当，形状是否吻合，特别是领口与领子、袖窿与袖山、摆缝线等处。

（4）剪口是否光顺、圆润。

（5）定位标记（刀眼、锥孔）是否有遗漏。

（6）省位或褶裥是否有遗漏，大小位置是否正确。

（7）按大小规格将样板理齐，观察样板跳档是否正确。

（8）标记书写（款号、规格等）是否正确，有无遗漏。

（9）丝缕标记是否正确，有无遗漏。

6.1.8.3 裁剪检验

裁剪检验的主要内容有：裁剪前的铺料检验、划样检验、裁剪过程检验，检验各部件裁片是否完好无损。

6.1.8.4 半成品检验

半成品检验是指服装各部件在组成完整产品之前，对各部件进行的检验。在成衣生产中，指对生产全过程从铺料到熨烫、后整理各个点进行检验。通常的半成品检验是指缝纫车间的中间检验。

6.1.8.5 成品检验

成品检验是指服装在缝制熨烫成型后对成品进行的检验。包括规格检验、疵点检验、色差检验、缝制检验和外观质量检验。

6.1.9 规格检验

规格检验是测量成品各部位的尺码。对照工艺单检验成品是否符合要求，通常测量的部位和方法如下：

（1）领大：领子摊平横量，立领量上口，其他领量下口。公差范围为0.5cm。

（2）衣长：由前身左侧肩缝最高点垂直量至底边。公差范围为1cm。

（3）胸围：扣好纽扣，前后身摊平，沿袖窿底缝横量（以周长计算）。公差范围为1.5cm。

（4）袖长：由左袖最高点量至袖口边中间。公差范围为0.5cm。

（5）总肩宽：从肩袖缝交叉处横量。公差范围为0.5cm。

（6）袖口：袖口摊平横量（以周长计算）。公差范围为0.5cm。

（7）裤长（裙长）：从腰上口沿摆缝垂直量至脚口（裙边）。公差范围为1cm。

（8）腰围：扣上腰扣，以门襟为中心握持两侧，测量裤（裙）腰的中线尺寸（以周长计算）。公差范围为1.5cm。

（9）臀围：从摆缝袋下口处前后身分别横量（以周长计算）。公差范围为2cm。

6.1.10 色差检验

服装的款式不同、成本不同，对色差的要求也不同。同一件服装的不同部位，对色差的要求也不一样。用色卡GB/T 250—2008对成品进行色差检验，高档男女呢料服装，前身胸部及下摆，即1、2号部位，色差应高于4级，其他部位不低于3.5级。一般普通面料的服装，前身胸部及下摆部位的色差为4~5级，其他部位不低于3级。一般来说，毛料的色差不低于4级，印染面料不低于3级。

6.1.11 缝制检验

（1）面料有明显条格，1cm以上的按规定检验。

（2）缝迹密度按工艺单要求检验。

（3）各部位线迹顺直、整齐、牢固、松紧适宜。

（4）上衣挂面、领里允许两块一拼，下装腰头面允许两块一拼，拼缝应与摆缝或后裆缝对齐。

（5）眼位不偏斜，扣与眼位相对。

（6）衣里平服，松紧适宜。

（7）绲条顺直，宽窄一致。

6.1.12　服装质量检验

服装的质量检验需要一定的环境条件，一般不能在阳光直射服装的条件下进行。若在灯光下检验，其光照度不能低于750lx。检验工作台宽度应在1m以上，长度在2m以上。

做检验工作应了解以下常识：

抽样数量的规定，内销产品的抽样数量按产品批量规定执行，在500件以下的抽样10件；1000件以下的抽样20件。

6.2　冲锋衣校服产品质量要求

在国家标准中对冲锋衣产品的质量要求主要包括三方面。一是安全指标，包括甲醛含量、pH值、异味、可分解致癌芳香胺染料等，要达到《国家纺织产品基本安全技术规范》（GB 18401—2010）要求；二是产品基本性能要求，包括水洗尺寸变化率、染色牢度、拼接互染色牢度、耐光色牢度、起毛起球、耐磨性能、撕破强力、裤子后裆接缝强力等指标；三是功能性要求，包括表面抗湿性、静水压、透湿率等指标。

我国于2016年4月25日发布了GB/T 32614—2016《户外运动服装　冲锋衣》标准，并于2016年11月1日起正式实施执行。运动目的不同，运动强度不同，对冲锋衣的面料材质的性能要求也是大相径庭的，比如户外运动可以被分为竞技类和非竞技类两大类别。竞技类的冲锋衣就要求达到Ⅰ级产品（适用于专业户外运动功能性要求），而非竞技类的冲锋衣只要求达到Ⅱ级产品（适用于日常的户外休闲运动功能性要求）即可。GB/T 32614—2016标准规范了冲锋衣适用范围、质量要求、试验方法、产品使用说明、包装、运输和贮存等方面的要求。具体功性能要求如下。

6.2.1　表面抗湿性

表面抗湿性就是通常所说的防泼水，是指滴落在面料上的水滴如荷叶上的露珠，自然滑落，不留痕迹。标准规定洗前沾水等级为 4 级，防水性能评价为"具有很好的抗沾湿性能"。

6.2.2　静水压

静水压是指面料可抵挡高水压的长时间作用，而里层不渗水、不潮湿。由于面料接缝处容易渗水，会影响服装性能，因此标准对面料及面料接缝处分别规定了相应指标。

考虑到户外活动后，身体产生的汗气需及时排出，因此标准规定了透湿率，以获得较好的热湿舒适性，本标准确定透湿量为 I 级产品 5000，II 级产品 3000。另外，增加了对透湿量洗后的测试要求，更好地保证了产品的功能。

6.2.3　安全性

为了保护儿童健康，标准规定了适用于儿童的安全性要求，如儿童上衣拉带安全要求、童装绳索和拉带安全要求、残留金属针。

6.2.4　耐用性

标准还规定了冲锋衣产品的耐用性要求，包括起毛起球、耐磨性能、撕破强力、裤子后裆接缝强力等。主要是考虑在一般的登山、穿越等户外活动中，可能出现多种意外因素而刮坏或损坏服装，从而影响服装的使用功能和穿着美观性。

6.2.5　洗涤养保养

市场上的冲锋衣产品多使用涤纶、锦纶等化学纤维为主的面料，通过在织物表面做防泼水整理、织物反面涂层或贴膜整理，达到良好的防水效果。专家建议，消费者要对冲锋衣进行合理的洗涤保养。

进行冲锋衣洗涤护保养时，建议依据产品洗涤标识提示，选用中性洗涤剂，机洗轻柔洗涤程序（亦可轻柔手洗），清洗前可用小刷子清洗局部污渍，洗后可采用晾干方法，有利于其防水透湿性能的恢复。不建议使用含氯漂等漂白类洗涤剂、强力甩干、高强度洗涤、干洗、长时间浸泡等一系列减弱产品防水透湿性能的做法。另外，冲锋衣经过多次洗涤后，其防水透湿效果会相应降低，所以，如果不是必要，可适当减少冲锋衣洗涤次数。

6.3 冬季学生装的生产工艺流程

6.3.1 材料检验

面料、辅料等物料进厂检验。面料进厂后要进行数量清点以及外观和内在质量的检验，符合生产要求的才能投产使用。把好面料质量关是控制冬季学生装成品质量重要的一环。通过对进厂面料的检验和测定，可有效地提高冬季学生装的正品率。

物料检验包括松紧带缩水率、黏合衬黏合牢度、拉链顺滑程度等。对不能符合要求的物料不予投产使用。

6.3.2 技术准备

技术准备是确保批量生产顺利进行及最终成品符合客户要求的重要手段。在批量生产前，首先要由技术人员做好生产前的技术准备工作。技术准备包括工艺单、样板的制订和样衣的制作三个内容。

工艺单是冬季学生装加工中的指导性文件，对冬季学生装的规格、缝制、整烫、包装等都提出了详细要求，对服装辅料搭配、缝迹密度等细节问题也加以明确。冬季学生装加工中的各道工序都应严格参照工艺单的要求进行。

样板制作要求尺寸准确，规格齐全，相关部位轮廓线准确吻合。样板上应标明服装款号、部位、规格及质量要求，并在有关拼接处加盖样板复合章。

在完成工艺单和样板制订工作后，可进行小批量样衣的生产，针对客户和工艺的要求及时修正不符合点，并对工艺难点进行攻关，以便大批量流水作业顺利进行。样衣经过客户确认签字后成为重要的检验依据之一。

6.3.3 裁剪

裁剪前要先根据样板绘制出排料图，"完整、合理、节约"是排料的基本原则。

6.3.4 LOGO制作

有多种加工方法，如绣字、丝网印、热转印、织标等。

6.3.5 缝制

缝制是冬季学生装加工的中心工序，服装的缝制根据款式、工艺风格等可分为机器缝制和手工缝制两种。在缝制加工过程实行流水作业。

6.3.6 锁眼钉扣

冬季学生装中的锁眼和钉扣通常由机器加工而成，扣眼根据其形状分为平型和眼型孔两种，俗称睡孔和鸽眼孔。睡孔多用于衬衣、裙子、裤等薄型面料的产品上，鸽眼孔多用于上衣等厚型面料的产品上。

6.3.7 整烫

冬季学生装通过整烫使其外观平整、尺寸准足。熨烫时在衣内套入衬板，使产品保持一定的形状和规格，衬板的尺寸比成衣所要求的尺寸略大些，以防回缩后规格过小，熨烫的温度一般控制在180～200°C较为安全，不易烫黄、焦化。

6.3.8 成衣检验

成衣检验是冬季学生装出货前的最后一道检查工序，因而在冬季学生装生产过程中，起着举足轻重的作用。由于影响成衣检验质量的因素有许多方面，因此，成衣检验是服装企业管理链中重要的环节。质量检验是指检验人员对产品进行针对性的测量、检查、试验、度量，并将这些测定结果与评定标准加以比较，以确定每个产品合格与否。通常执行的标准是：属于允许范围内的差距判定为合格品；超出允许范围内的差距判定为不合格品。

6.3.9 包装

根据客户要求进行包装（例如，有些学校要求男女款分开，并按班级为单位包装等），无特殊要求按常规包装。

6.4 冬季学生装羽绒服的基本制作工艺要求

6.4.1 机器设备要求

通常车缝设备要更换以下零部件：细牙齿和小号的平靴。如果布料有粘金属的问题，还要换塑料的小号压脚和胶牙齿。所有设备都要采用小号的车针，推荐用9#以内的优质圆嘴针。在制造过程中，一发现针嘴受损，应该立即换针。一个细针孔就会让优质的羽绒随气流逸出。

6.4.2 生产环境要求

生产厂房一般要求装备空调，并且不可以使用风扇，因为开启风扇会使羽绒漫天飞舞。一间独立的充绒房也是制造羽绒服的必备条件。充绒房要求密不通风，装备空调。专职的充绒人员应该配戴口罩，使用高度灵敏的液晶电子磅秤来精确羽绒的克重，充好羽绒的部件应该在充绒房直接用平车封口。

6.4.3 生产技术要求

6.4.3.1 裁床

裁床应该注意面料的底面，拉布平服，所有的间绒线必须打上刀口。但是，为了保证羽绒服的整体效果，裁床是严禁打孔点位的。如果是生产渐变色的羽绒服，排唛架时要特别注意各部件的颜色匹配问题的。如果是生产条纹、杠纹、格纹、花纹的羽绒服，排唛架的注意事项和其他条纹、杠纹、格纹、花纹类别的服装是一样的。如果搭配有皮草类的部件，千万注意真皮类用银笔划好再用刀片切割。毛料也是用刀片切割的，不过是反面切割。羽绒胆布的裁片纸样比面料的裁片纸样略为大一点，这些多余的量是为了充羽绒后，羽绒受热膨胀的空间而准备的，这样在充完羽绒后，车间绒线时不会有面布打褶的情况。

6.4.3.2 车缝

羽绒服的车缝工艺是重要的一个环节。最难做的是二层生产工艺，它需要环环相扣，才能将一件服装生产出来。羽绒服基本是四层、五层生产工艺。四层工艺第一层是面料，第二层和第三层是羽绒胆布，第四层是里料。五层工艺第一层是面料，第二层是隔色纸，第三层和第四层是羽绒胆布，第五层是里料。要用隔色纸是因为羽绒服面料属于薄料类的产品，需要用隔色纸来防止里面的羽绒颜色透出。例如，使用白色的面料又使用了灰色的羽绒，这种情况不用隔色纸的话，羽绒的杂色就会透出来，影响外观效果。

车缝第一步是车胆布。这是制作羽绒服和做棉衣的根本区别。如果跳过这一环节，其他的车缝工艺基本可以和棉衣的车缝工艺相同。车胆布要求把缝纫线调好，不要太紧导致面料起皱，当然太松也不行，那样羽绒会直接逸出。车缝时将胆布有胶的一面朝里，面对面放齐裁片，用平缝车配备压脚沿裁片边缘车 1/8～3/16 的车缝止口。注意平缝车的压脚压力不宜太大，不要在车过后的位置留下一道牙痕。需在适当的位置留一个 4 ~ 5cm 的小口以便充绒。

当一件羽绒服需要充羽绒的各个部件都车好了羽绒胆布后，把这些部件送入下一环节——充绒房。充绒时要先把每个部件称一下毛重、皮重，并列出一个部件皮重表，然后按照指定的克重往各个部件里充羽绒。注意看液晶电子秤的数字变化，这里显示的应该是部件的皮重和指定羽绒克重的总和。所有部件充好羽绒后，直接在充绒房里用平缝车封口。当封口完成出充绒房时，应该将部件上沾着的羽绒拍干净。如果服装有开袋之类的工艺，是要在充羽绒之前完成这些车缝工艺的。

车缝第二步是拍绒。拍绒的目的是让部件里的羽绒能平均地分布在部件内部。一般是一边拍羽绒一边车间绒线，这些间绒线是根据纸样的刀口在车缝之前画好的。一件服装的间绒线完成之后，要求全件衣服的饱满度是一致的。拍绒生产工艺是比较老的生产工艺，现在很多品牌厂商是先车好间绒横格，再一格一格充羽绒的，这样生产进度会慢很多，但是可以对羽绒克重有更精准的把控。全件服装的羽绒克重和销售区域的气候是有直接关系的。

车缝第三步是开前口袋。这个操作要在充绒前做好，因为这个操作是破坏性重建，如果充好绒再开口袋，剪开口的位置就要跑绒了。口袋开好后要方方正正，四角不能有烂角，如果加了拉链的话，拉链车好后要平整，不要起拱。

车缝第四步是上前中拉链。这个是细致的工作，因为大部分羽绒服都有很多线车在服装上，如果装前中拉链就要让左右的线保持对称，同时，车拉链时要把拉链放平并稍微带住拉链，例如：一条 60cm 的拉链要车在 63cm 的面料上，这多出来的 3cm 面料空间要均匀地分布在 60cm 的拉链长度上，这个操作在车缝工艺里叫"容位"，前中拉链车好后同样要求平整不起拱。

车缝第五步是绱帽子。一般的羽绒服会设计帽子，而帽子的边沿很可能会有毛毛，如兔毛、狐狸毛、狗毛或者人造毛，车这些毛毛的时候要注意一边车一边把毛毛拨向左边，同时针步可以调到 1 英寸（2.54cm）10 针，方便车好之后可以用锥子把不小心车住的毛毛挑出来。

整件羽绒服拼接和车装饰线的过程都要注意，车好之后拼接缝不要出现皱折现象。这是羽绒服质量的基本要求。

车缝第六步尾部工艺。羽绒服的尾部工艺因为其独特的原材料而与一般的服装有一点不同，通常，尾部工艺有两大部分。

第一部分：加工纽扣类。

纽扣一般会使用金属四合扣，塑胶纽扣、魔术贴、尼龙搭带、牛角扣等。金属类四合纽扣要注意使用电镀良好的、有足够硬度的种类。金属类四合纽扣加工完成后，用指甲掐一下纽扣缝，如果可以轻松将指甲插进去，那表示加工设备压力不足，要重新调紧压力。但是，如果金属四合扣底部开裂，那是加工设备压力太大导致的，自然要调松压力。如果服装采用塑胶纽扣，相应位置会开纽门或开凤眼，这类加工工艺注意用良好的车针，避免因为针嘴不良而造成布料抽纱。应用魔术贴（尼龙搭带）是对服装最小损坏的加工工艺，只要在对应的位置车缝魔术贴（尼龙搭带）即可。

第二部分：清洁美化类。

羽绒服的面料一般对污渍比较敏感，很容易弄脏而且不易清洗，清洗的工程浩大而烦琐。

常用的清洗方法有以下几种：

（1）一般污渍：用洗衣液或者肥皂洗涤。

（2）顽固污渍：用喷枪加洗涤剂洗涤。

（3）油性污渍：用去油剂喷洗。

（4）圆珠笔污渍：用唇膏加清水洗涤。

（5）锈渍：用去锈水点滴洗涤。

（6）其他的清洗剂还包括：酒精，漂白粉。

在洗涤之前，先在不明显处的小范围做测试，有的面料会因洗涤剂产生反应而出现褪色、变色、质地变脆等不良结果。

国内销售商品一般是折装的包装方法，出口商品有的会采用吊装包装方法，吊装方法很占空间，所以只适合价值高的产品。一件商品出厂会在包装内附加其他物件：吊牌、羽绒专用标识、备用扣、备用线、拷贝纸、防潮剂。

6.5　冬季学生装外观工艺要求

6.5.1　冬季学生装棉服外观工艺要求

冬季学生装棉服外观工艺要求，见表6-1。

表6-1　冬季学生装棉服外观工艺要求

款号		品名		棉服	季节	冬季
规格		面料/成分		面料：复合布100%聚酯纤维，里料：100%聚酯纤维		

面料拼接

半松紧袖口

魔术贴粘扣

拼接

口袋

外面侧唛+号标，里面洗水标

暗扣

前面

标1：放在服装（成衣）左侧缝里面

4cm

品名：棉服
执行标准：GB/T 31888—2015
安全类别：GB 18401—2010 C 类
等级：合格品
检验员：01
面料成分：
面料：100% 聚酯纤维
里料：100% 聚酯纤维
洗涤说明：

10cm

河北鸿鹄雨教育科技有限公司
地址：河北省石家庄市高新区
湘江道 319 号孵化器 B 座 14 层
电话：0311-85290882
姓名：_____
Name
班级：_____
Class

标2：放在服装（成衣）
左侧缝外面

2.5cm

XX\XX

3cm

反光条（宽1.5cm）

后面

要求：

1.号标、洗水标，所有标识在图的右侧（成衣的左侧）

2.外壳订有校标

6.5.2 冬季学生装冲锋衣外壳外观工艺要求

冬季学生装冲锋衣外壳外观工艺要求，见表6-2。

表6-2 冬季学生装冲锋衣

款号		品名	冲锋衣外壳	季节	冬季
规格		面料/成分	外壳面料：复合面料，里料：100%聚酯纤维		

帽子颜色分为AB颜色

面料拼接

荧光条

半松紧袖口

魔术贴粘扣

口袋加荧光条

外面侧唛+号标，里面洗水标

暗扣

前面

标1：放在服装（成衣）左侧缝里面

4cm

品名：棉服
执行标准：GB/T 31888—2015
安全类别：GB 18401—2010 C 类
等级：合格品
检验员：01
面料成分：
面料：100% 聚酯纤维
里料：100% 聚酯纤维
洗涤说明：

10cm

河北鸿鹄雨教育科技有限公司
地址：河北省石家庄市高新区
湘江道 319 号孵化器 B 座 14 层
电话：0311-85290882
姓名：
Name
班级：
Class

魔术贴

面料拼接

荧光条

标2：放在服装（成衣）
左侧缝外面

2.5cm

3cm

XX\XX

鸿鹄子弈

荧光贴

后面

要求：

1. 号标、洗水标，所有标识在图的右侧（成衣的左侧）

2. 外壳订有校标

6.5.3　冬季学生装内胆外观工艺要求

冬季学生装内胆外观工艺要求，见表6-3。

表6-3　冬季学生装内胆外观工艺要求

款号		品名		内胆	季节	冬季
规格		面料/成分		摇粒绒（里料）：100%聚酯纤维		

扣襻

外面侧唛+号标

前面

标1：放在服装（成衣）左侧缝里面

4cm

品名：棉服
执行标准：GB/T 31888—2015
安全类别：GB 18401—2010 C 类
等级：合格品
检验员：01
面料成分：
面料：100% 聚酯纤维
里料：100% 聚酯纤维
洗涤说明：

河北鸿鹄雨教育科技有限公司
地址：河北省石家庄市高新区
湘江道 319 号孵化器 B 座 14 层
电话：0311-85290882
姓名：
Name
班级：
Class

10cm

标2：放在服装（成衣）
左侧缝外面

2.5cm

3cm

XX\XX

XX\XX

后面

要求：

1.号标、洗水标，所有标识在图的右侧（成衣的左侧）

2.外壳订有校标

6.5.4　冬季学生装款式细节要求图样（A~I款）

（1）冬季学生装A款工艺细节要求，如图6-1所示。

棉服＋绗缝面

可拆卸帽子

帽口穿绳，可调节松紧

尼龙粘扣

松紧带

单袋牙，牙宽1.5cm

底边压明线，宽度1cm

（a）正面

荧光条宽度1.5cm

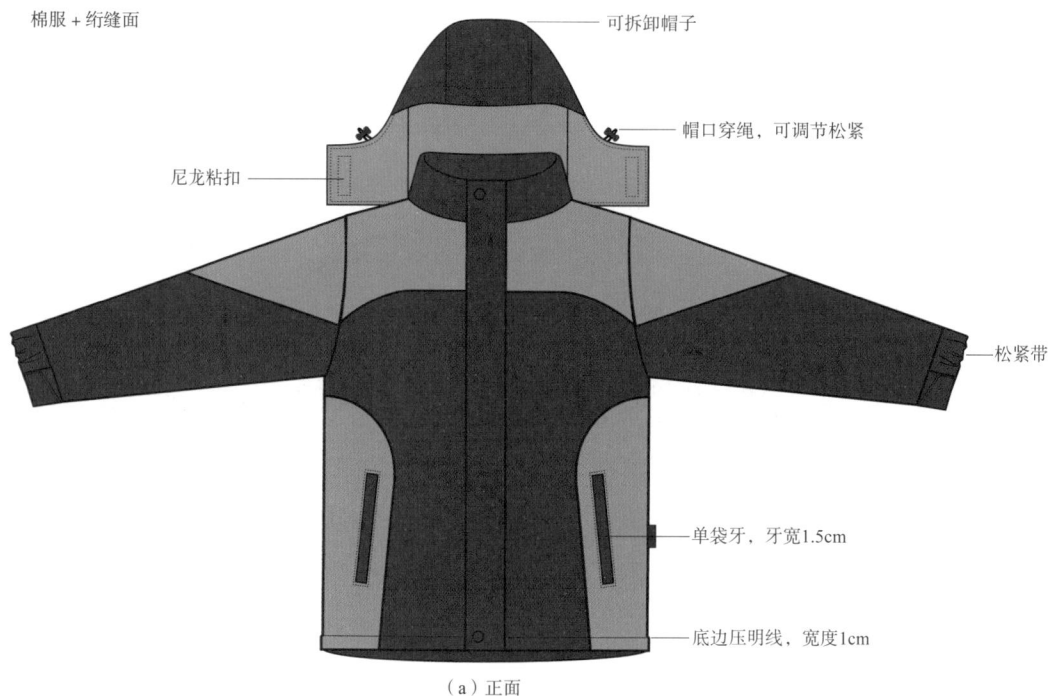

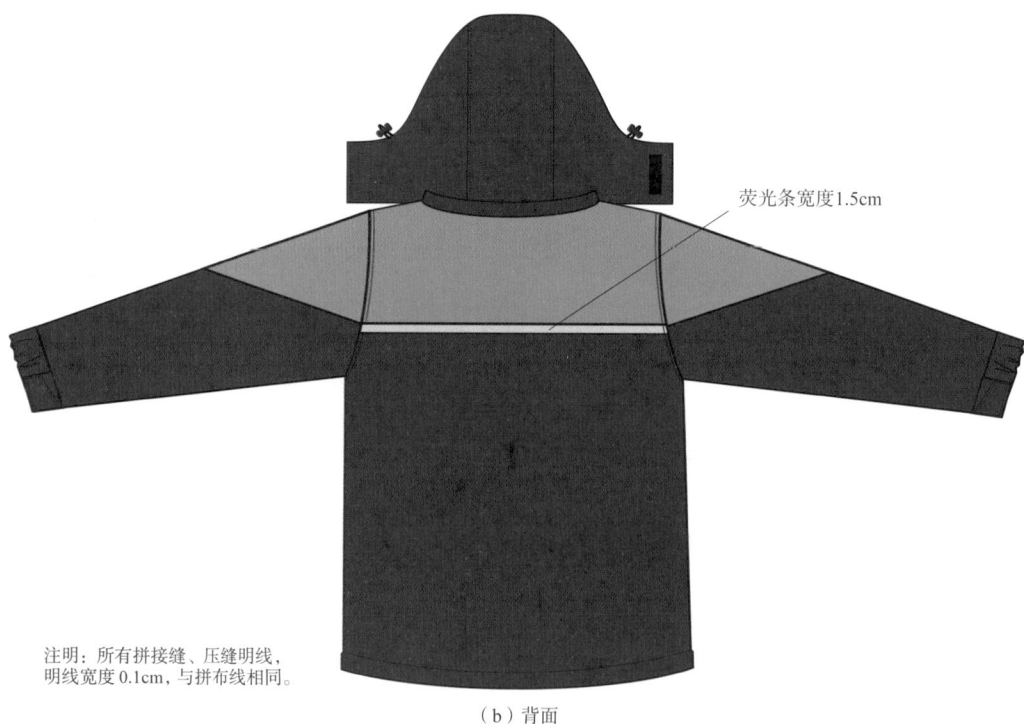

注明：所有拼接缝、压缝明线，
明线宽度0.1cm，与拼布线相同。

（b）背面

图6-1　冬季学生装A款工艺细节要求

（2）冬季学生装 B 款工艺细节要求，如图 6-2 所示。

冲锋衣 + 内胆

帽子为蓝色

校标

反光牙

反光拉链

（a）外壳正面

扣襻

（c）内胆正面

（b）外壳背面

校标——魔术贴款

5.5cm

水洗标
理念：
款式：外壳 1 件，
　　　内胆：1 件（可拆卸可外穿）
　　　帽子（可拆卸可外穿）
　　以安全和健康为核心，结合
流行趋势，打造学生朝气蓬勃的
穿衣风格，蓝色和浅灰色的搭配，
纯真中不失典雅，加上腋下大身
两侧黄色拼接活泼中给衣服整体
提亮，袖子和后身均有反光线条
设计，给孩子在穿着上起到安全
警示的保护作用。

（d）内胆背面

防泼水 / 透湿 / 抗风 / 高可视

防泼水 3 级，可防中小雨
静态水压 >5000Pa　透湿率 >5000g/m /24h
夜间反光能见度达 250 米

图 6-2　冬季学生装 B 款工艺细节要求

（3）冬季学生装C款工艺细节要求，如图6-3所示。

冲锋衣+内胆+裤子

可拆卸帽子 ——

—— 橘红色

—— 白色

—— 袖口松紧带

加拉链 ——

（a）外壳正面

藏蓝色 ——

—— 拼接线加装饰条

（b）外壳背面

图6-3

（c）内胆正面

松紧腰

侧口袋

装饰条

（d）裤子正面

（e）裤子侧面

图 6-3　冬季学生装 C 款工艺细节要求

（4）冬季学生装D款工艺细节要求，如图6-4所示。

冲锋衣 + 内胆

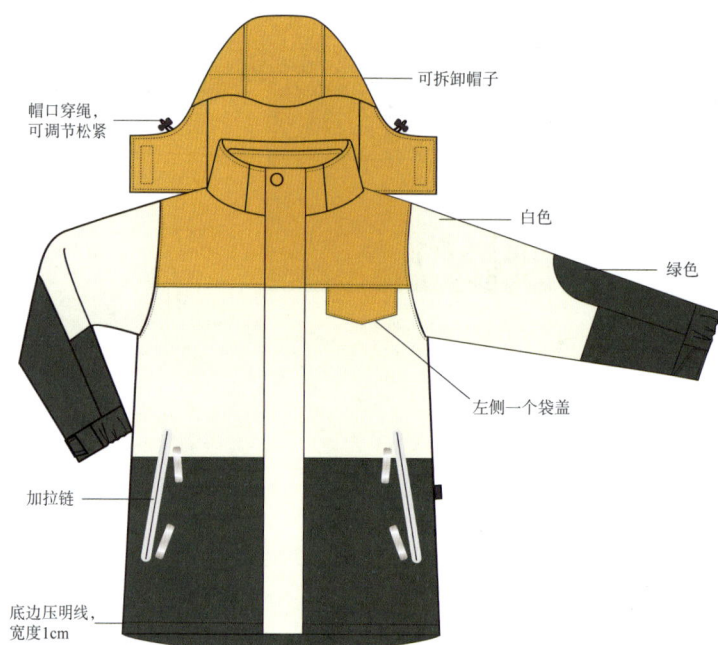

可拆卸帽子

帽口穿绳，
可调节松紧

白色

绿色

左侧一个袋盖

加拉链

底边压明线，
宽度1cm

（a）外壳正面

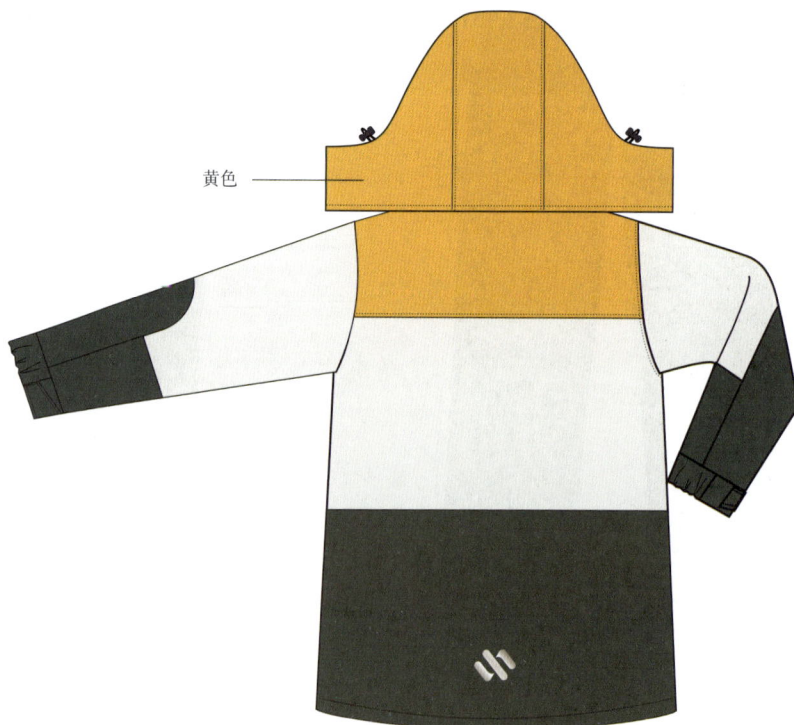

黄色

（b）外壳背面

图 6-4

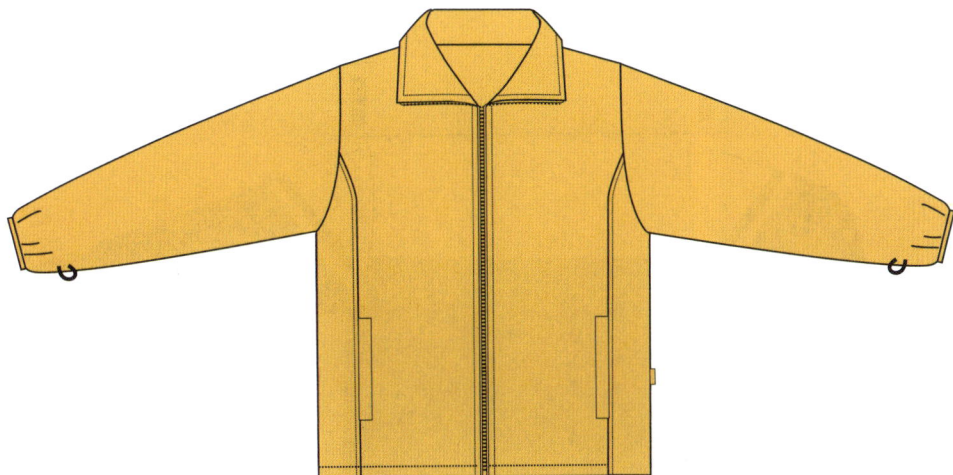

注明：所有拼接缝压缝明线，明线宽度 0.1cm，与拼布线相同。

（c）内胆正面

图 6-4　冬季学生装 D 款工艺细节要求

（5）冬季学生装 E 款工艺细节要求，如图 6-5 所示。

冲锋衣 + 内胆

可拆卸帽子

白色

酒红色

门襟拉链

单袋牙加白色牙条，牙宽0.6cm

袖口松紧带

底边压明线，宽度1cm

HHZJ

（a）外壳正面

图 6-5

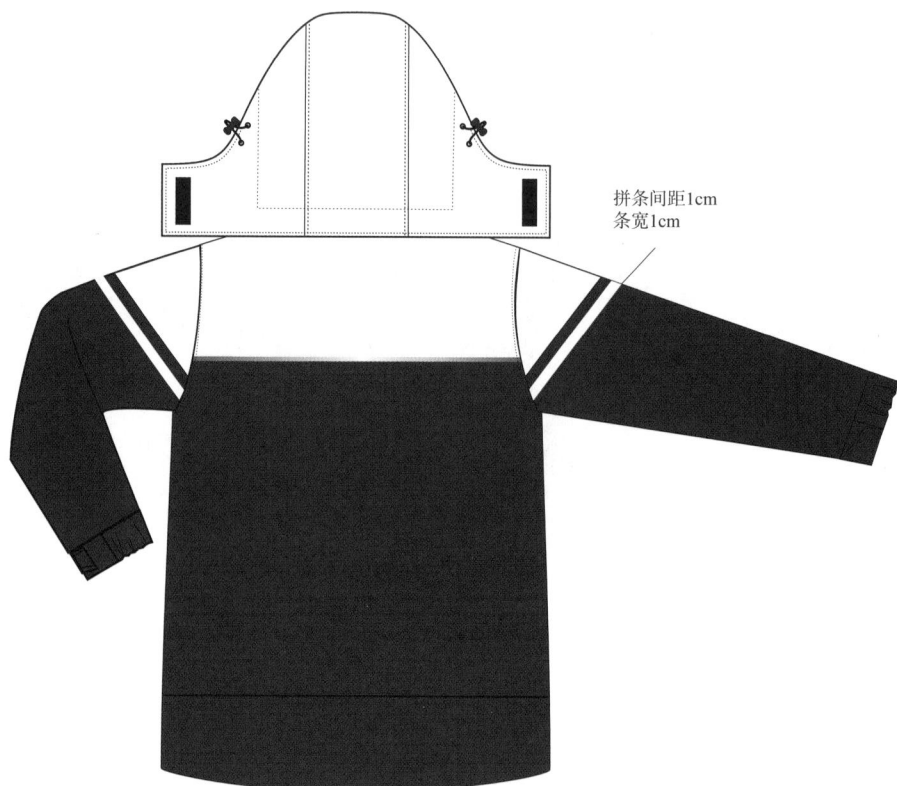

拼条间距1cm
条宽1cm

（b）外壳背面

（c）内胆正面

图6-5　冬季学生装 E 款工艺细节要求

（6）冬季学生装F款工艺细节要求，如图6-6所示。

冲锋衣＋内胆

帽口穿绳，
可调节松紧

可拆卸帽子

白色

荧光条
宽度1cm

贴袋上加拉链

袖口松紧带

底边压明线，宽度1cm

（a）外壳正面

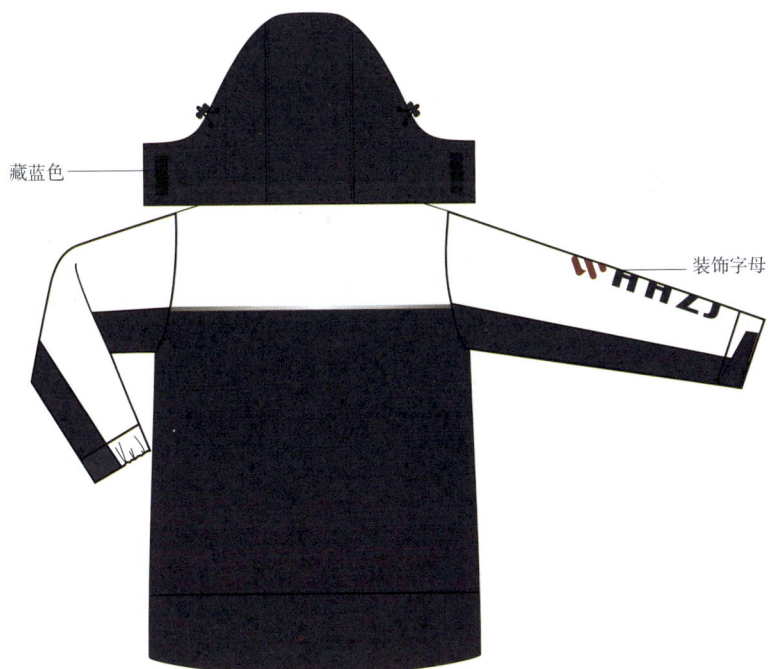

藏蓝色

装饰字母

（b）外壳背面

图6-6

红色

袖口松紧带

藏蓝色

（c）内胆正面

图6-6　冬季学生装F款工艺细节要求

（7）冬季学生装G款工艺细节要求，如图6-7所示。

冲锋衣＋内胆

可拆卸帽子

帽口穿绳，
可调节松紧

浅灰色

藏蓝色

荧光条
宽度1cm

袖口松紧带

酒红色

贴袋加袋盖

底边压明线，宽度1cm

（a）外壳正面

图6-7

藏蓝色

（b）外壳背面

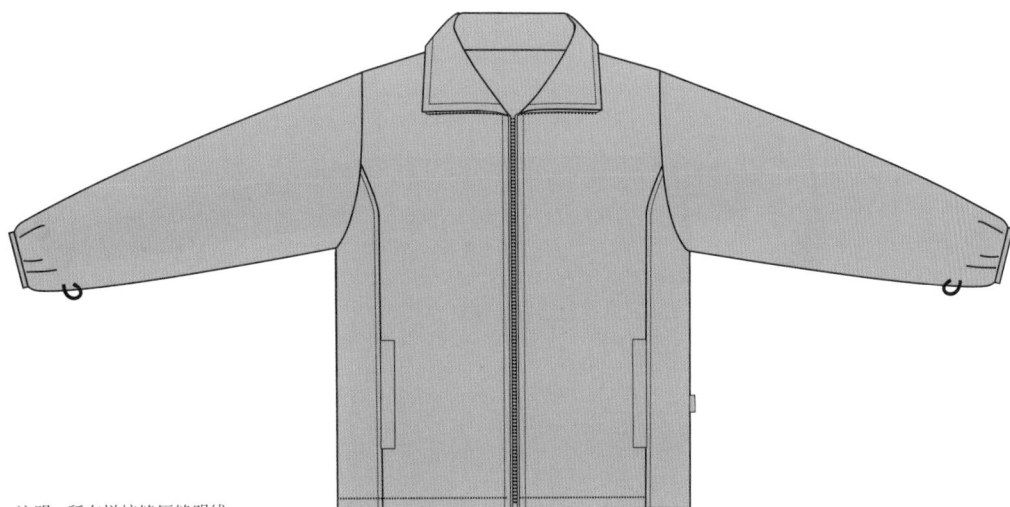

注明：所有拼接缝压缝明线，
明线宽度 0.1cm，与拼布线
相同。

（c）内胆正面

图 6-7　冬季学生装 G 款工艺细节要求

（8）冬季学生装H款工艺细节要求，如图6-8所示。

冲锋衣＋内胆

帽口穿绳，
可调节松紧

可拆卸帽子

米黄色

藏蓝色

袖口松紧带

橘黄色拼布

加拉链

袋口安装
防水拉链

底边压明线，宽度1cm

（a）外壳正面

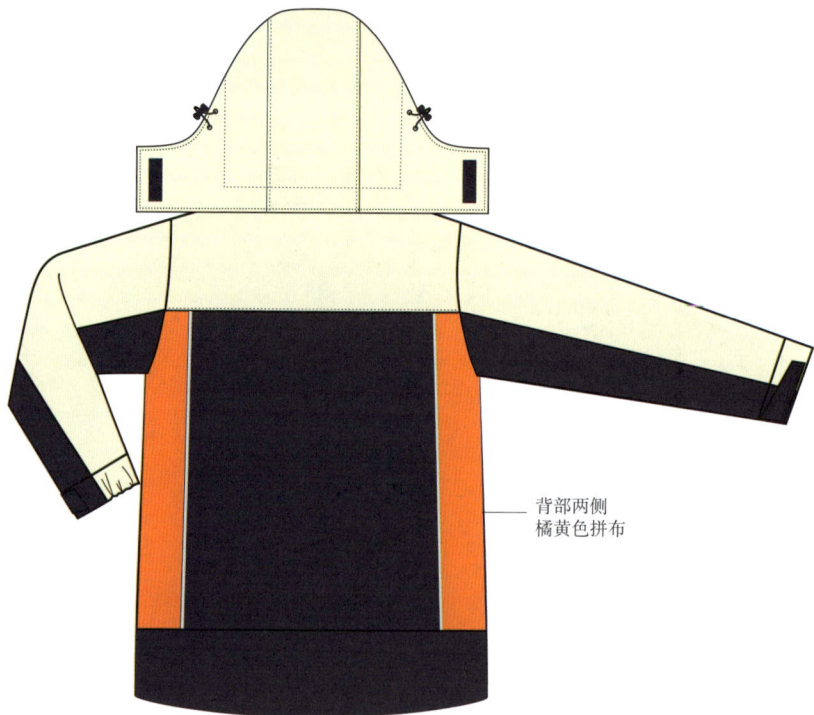

背部两侧
橘黄色拼布

（b）外壳背面

图6-8

（c）内胆正面

图 6-8　冬季学生装 H 款工艺细节要求

（9）冬季学生装 I 款工艺细节要求，如图 6-9 所示。

冲锋衣 + 内胆

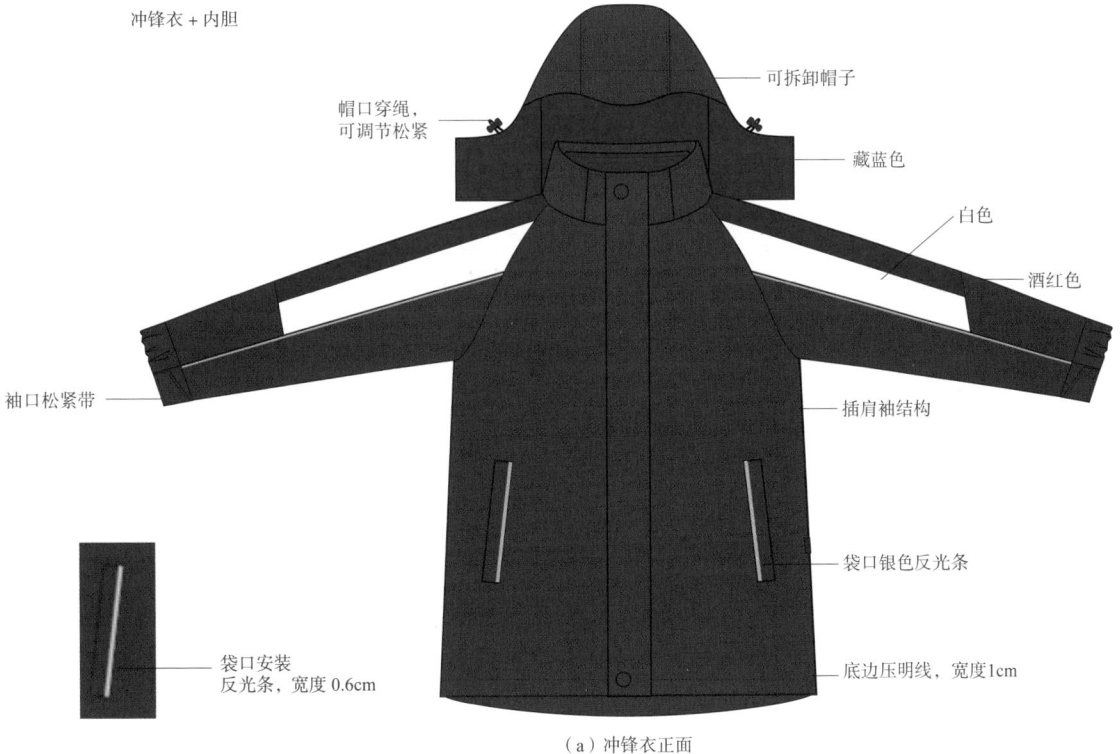

可拆卸帽子

帽口穿绳，
可调节松紧

藏蓝色

白色

酒红色

袖口松紧带

插肩袖结构

袋口银色反光条

袋口安装
反光条，宽度 0.6cm

底边压明线，宽度 1cm

（a）冲锋衣正面

图 6-9

（b）冲锋衣背面

注明：所有拼接缝压缝明线，
明线宽度 0.1cm，与拼布线相同。

（c）内胆正面

图 6-9　冬季学生装 I 款工艺细节要求

6.6　冬季学生装针距密度要求

6.6.1　缝纫针距要求

6.6.1.1　缝份要求

面里料各部位缝份：1cm，特殊部位，另行规定。

6.6.1.2　用线要求

明线为丝线，缝纫线为顺色缝纫线。

6.6.1.3　机针要求

羽绒服暗线统一用 9# 防绒针；明线用 11# 防绒针。棉服明、暗线都用 11# 机针（3 股细丝线）；明线用 6 股细丝线时机针用 14#。

6.6.1.4　针距要求

暗行：11 ~ 12 针 /3cm（羽绒服胆布行线）；合缝：13 ~ 14 针 /3cm；细 3 股丝线：11 ~ 12 针 /3cm；细 6 股丝线：10 ~ 11 针 /3cm。

6.6.1.5　熨烫要求

半成品熨烫一定要到位，杜绝高温压烫，凡是车过线迹处都必须熨烫，熨烫时衣片线条、结构必须摆顺、放平，用棉部位不能压死。涂胶面料熨烫时熨斗穿鞋，温度略低。

6.6.1.6　车缝要求

车胆布时缝份 1.2cm，兜牙位必须明线定位，底边、袖口折边处往里 0.5cm 缉一趟明线，目的是合缝后缝份处没有羽绒。覆衣片胆时缝份为 0.5 ~ 0.6cm，衣片弧度处不要撑开，否则变形。胆略加吃势，覆胆后锁边。圈衣片胆（棉片）时，袖窿弯和领弯不能走形，衣片要平服，胆料（棉）稍加吃量，以保衣形自然。注意：圈胆尺量大小要适中，不许起缕纹、吃褶现象，胆行线要顺色线。各片按规格表充绒，拍绒要均匀，按设计要求绗胆线。

6.6.1.7　明线说明

棉服和风衣缉明线处，压线前先在其反面将缝份剔掉一层（里面），剔至 0.3cm 缝份。所有明线宽窄、针脚大小必须严格遵循工艺要求，保持一致。所有明线起针、收针处不能打回针，线头用手针穿反面打结。

6.6.1.8　整烫说明

各部位整烫要平顺，熨斗要轻烫，不能烫贴、烫黄，不允许烫出亮光，不允许有水渍。

6.6.1.9　胆布说明

胆布车缝1.2cm缝份（除底边、袖口有折边的地方要与折边的宽度一样）如面料缝份加大，胆布也要跟着加大，其目的是合缝后不露覆胆线，覆完后锁边。整件羽绒服不可跑绒。

冬季学生装缝纫过程中对针距密度的要求，见表6-4。

表6-4　冬季学生装缝纫过程中对针距密度的要求

项目		针距密度	备注
明、暗线		3cm不少于12针	—
包缝线		3cm不少于9针	—
手工针		3cm不少于7针	肩缝、袖隆、领子不少于9针
三角针		3cm不少于5针	以单面计算
锁眼	细线	1cm不少于12针	—
	粗线	1cm不少于9针	—
钉扣	细线	每眼不少于8根线	缠脚线高度与扣眼止口厚度相适应
	粗线	每眼不少于6根线	

6.6.2　外观质量要求

6.6.2.1　表面疵点

冬季学生装面料表面疵点，按照每个独立的部位只允许疵点一处，超过一处降为下一个缺陷等级，如轻缺陷降为重缺陷，以此类推。未列入本标准的疵点按其形态，参照表6-5相似疵点执行。

表6-5　冬季学生装表面疵点的要求

疵点名称	各部位允许存在程度		
	1号部位	2号部位	3号部位
粗于2倍粗纱3根	不允许	长1～3cm	长3～6cm
粗于3倍粗纱4根	不允许	不允许	长小于2.5cm
经缩	不允许	不明显	长小于4cm，宽小于1cm
颗粒状粗纱	不允许	不允许	不影响外观
色差	不允许	不影响外观	轻微
斑疵（油、锈、色斑）	不允许	不影响外观	不大于0.2cm²

6.6.2.2 服装各部位尺寸差异

冬季学生装各部位尺寸差异,见表6-6。

表6-6 冬季学生装各部位尺寸差异

部位尺寸差异		差异规定(cm)
门襟、左右侧缝长度不一致		≤ 0.8
肩宽不一致		≤ 0.8
脚口大不一致		≤ 1.0
袖长不一致	长袖	≤ 1.0
	短袖	≤ 0.8
裤长不一	长裤	≤ 1.0
	短裤	≤ 0.8

6.6.2.3 纱向和纹路歪斜

(1)机织面料经纬纱向,不允许歪斜,领面、后身、袖子、前后裤片的允斜程度不大于3%,色织布或印花料、条格料不大于2%。

(2)针织面料纹路歪斜,不大于9%(仅考核夏装上衣)。

(3)机织学生装对条、对格。

学生装使用机织面料 有明显条格(大小1.0cm以上)对条、对格按表6-7规定执行。

表6-7 冬季学生装对条对格规定

部位名称	对条对格规定	备注
左右前身	条料顺直,格料对横,互差不大于0.3cm	格子大小不一时,以衣长的1/2上半部分为主
袋与前身	条料对条,格料对格,互差不大于0.3 cm,斜料贴袋左右对称,互差不大于0.5 cm(阴阳条格例外)	格子大小不一时,以袋前部为主(靠近前中心端)
领尖、驳头	条料对称,互差不大于0.2 cm	遇阴阳格时,以明显条格为主
袖子	条料顺直,格料对横,以袖山为准,两袖对称,互差不大于0.8 cm	—
背缝	条料对条,格料对横,互差不大于0.3 cm	—
摆缝	格料对横,袖窿10cm以下互差不大于0.4 cm	—
裤侧缝	侧缝袋口10cm以下处格料对横,互差不大于0.4 cm	—

6.6.3　色差

（1）领子、驳头、前后过肩、前腰头与大身的色差不低于4级，里子色差不低于3~4级。

（2）覆黏合衬或多层料所造成的色差不低于3~4级，其他表面位置与大身色差不低于4级。

（3）套装中上装与下装的色差不低于4级。

6.6.4　拼接

贴边允许在驳头以下、最下端扣眼位置以上允许拼接一次，但应避开扣眼位。领里可对称拼接一次（立领不允许），裙子、裤子腰头拼接位置在后中缝或侧缝处可拼接一次。其他部位除设计需要外不允许拼接（仅考核机织学生服）。

6.6.5　理化性能

6.6.5.1　安全性能

冬季学生装成品的基本安全性能要求，见表6-8。

表6-8　冬季学生装成品的基本安全性能要求

项目		要求	
		直接接触皮肤类服装	非直接接触皮肤类服装
甲醛含量（mg/kg）		≤75（幼儿园园服≤30）	≤300
pH值		4.0~8.5	4.0~9.0
异味		无霉味、汽油味、煤油味、鱼腥味、芳香烃味、未洗净动物纤维腥膻味、臊味及其他刺激性气味	
可分解致癌芳香胺染料		禁用，限量值≤20mg/kg	
可萃取重金属含量（mg/kg）	锑（Sb）	≤30.0	≤30.0
	砷（As）	≤0.2	≤0.2
	铅（Pb）	≤0.2	≤0.2
	镉（Cd）	≤0.1	≤0.1
	铬（Cr）	≤1.0	≤1.0
	铬（Cr）（Ⅵ）	≤0.5	≤0.5
	钴（Co）	≤4.0	≤4.0
	铜（Cu）	≤50.0	≤50.0
	镍（Ni）	≤4.0	≤4.0
	汞（Hg）	≤0.02	≤0.02
物理安全性		1.成品服装内不得残留金属针 2.纽扣、拉链、装饰物等附件不得有毛刺、可触及性锐利边缘和尖端	

注　非直接接触皮肤类产品明示的安全技术类别为A类或B类时，按明示安全技术类别考核；直接接触皮肤类产品明示的安全技术类别为A类时，就按明示安全技术类别考核。

6.6.5.2 色牢度

服装面料、里料、色牢度的技术要求有如下规定。

（1）里料要求。里料的耐干摩擦色牢度、耐皂洗沾色色牢度、缝纫线耐皂洗沾色色牢度均不低于3级，绣花线耐皂洗沾色色牢度不低于3～4级（深色为3级）。

（2）面料的色牢度技术要求，见表6-9。

表6-9 面料的色牢度技术要求

项目		色牢度允许程度
耐皂洗色牢度	变色	≥3～4级
	沾色	≥3～4级
耐汗渍色牢度	变色	≥3～4级
	沾色	≥3～4级
耐摩擦色牢度	干摩	≥3～4级
	湿摩	≥3～4（深色为3级）
耐水色牢度	变色	≥3～4级
	沾色	≥3～4级
耐光色牢度	变色	≥4级
耐光汗复合色牢度	变色	≥3级
拼接互染色		≥4级

注 1.按GB/T 4841.3—2006规定，颜色大于等于1/12染料染色标准深度为深色、颜色小于1/12染料染色标准深度为浅色。

2.耐皂洗色牢度、耐摩擦色牢度要考核印花部位。

3.耐光汗复合色牢度仅考核直接接触皮肤类的服装。

4.拼接互染色只考核深色和浅色拼接的产品。

6.6.5.3 耐用性

学生装的耐用性要求按，见表6-10。

表6-10 学生装的耐用性要求

项目		要求
起球（级）	针织物	≥3～4级
	机织物	≥3～4级
水洗尺寸变化率（%）	针织面料学生装	直向：-6.5%～+3% 横向：-6.5%～+3%
机织学生服	领围	≥-2.0（只考核关门领）

项目			要求
水洗尺寸变化率（%）	机织学生服	胸围	≥−2.5%
		衣长	≥−3.5%
		腰围	≥−2.0%
		裤（裙）长	≥−3.5%
洗涤干燥后外观平整度（仅考核可水洗耐久压烫学生装）			≥4级
敷黏合衬部位起泡脱胶（仅考核可水洗学生装）			不允许
洗涤干燥后接缝处外观质量（仅考核可水洗学生装）			≥4级
水洗后扭曲率（%）			上衣≤5%，裤子≤1.5%
断裂强力（仅考核机织面料）			经向≥245N，纬向≥200N
缝子纰裂程度			纰裂≤0.5cm，试验结果出现织物断裂、织物撕破现象判定为合格，出现滑脱现象判定为不合格，出现缝线断裂现象，判定为缝纫性能不合格
裤后裆缝接缝强力			面料≥140N，里料≥80N
撕破强力（仅考核梭织面料）			面料≥10N，纯棉织物≥7N（单位面积质量≤140g/m^2）
敷黏合衬部位的剥离强度			≥6N
顶破强力（仅考核针织面料）			上衣≥180N，裤子≥220N
耐磨性[d]	单位面积质量≤339g/m^2		≥15000次
	单位面积质量>339g/m^2		≥25000次
纽扣等不可拆卸小物件牢度			要求受力70N±2N后不从服装上脱落

注　1. 起毛、起绒类产品不考核起球。

　　2. 水洗尺寸变化率不考核短裙、短裤、褶皱类产品的褶皱向，弹力织物的横向。

　　3. 夹克式学生装上衣不考核水洗后扭曲率。

　　4. 耐磨性考核时，当两根或两根以上非相邻纱线被磨断为试验终止。

6.6.5.4　舒适性

学生装的舒适性要求，见表6-11。

表6-11　学生装的舒适性要求

项目	要求
面料、里料的透气率（仅考核夏装）	≥180mm/s
面料、里料透湿量	≥2500g/（m^2·d）

注　纤维成分含量允差按GB/T 29862—2013的规定执行。

第7章 检测方法及包装要求

7.1 检验工具及测量规定

7.1.1 检验工具

（1）钢卷尺、钢板尺，分度值为1mm。

（2）评定变色用灰色样卡（GB/T 250—2008）。

（3）评定沾色用灰色样卡（GB/T 251—1995）。

（4）1/12染料染色标准深度色卡（GB/T 4841.3—2006）。

7.1.2 成品规格测量规定

成品主要部位规格测量的方法，见表7-1。

表7-1 成品主要部位规格测量的方法

序号	部位	测量规定
1	衣长	量前衣长时，由肩缝最高点量至底边，量后衣长时，由后领中垂直量至底边
2	胸围	系好纽扣或拉链后，前、后身平铺，沿袖窿底缝水平横量
3	领大	领子摊平横量，立领量上口，其他领量下口（搭门除外，开门领不考核）
4	袖长	装袖，由肩袖缝交叉点沿袖中线量至袖口边中间；连身袖，由后领中心经肩袖缝交叉点沿袖中线量至袖口边中点
5	大肩宽	由肩袖缝交叉点，平摊横量
6	腰围	沿裤（裙）腰头中间横量（一周计算）
7	裤长	由腰头上口沿侧缝摊平垂直量至脚口边
8	裙长	半身裙由腰上口沿侧缝量至底边；连衣裙由肩缝最高点垂直量至底边，或由后领底中心垂直量至裙底边

7.1.3　外观质量检验规定

（1）一般采用灯光检验时，用一支40W青光或白光日光灯，上面加灯罩，灯罩与检验台面中心垂直距离为80cm±5cm。

（2）如在室内利用自然光，光源射入方向为北向左（或右）上角，不能使阳光直射产品。检验时应将产品平放在检验台上，台面铺一层白布，检验人员的视线应正视平摊产品的表面，目光与产品中间距离为35cm以上。

（3）测定色差程度时，被测部位应纱向一致。入射光与织物表面约呈45°，观察方向大致垂直于织物表面，距离60cm进行目测，并与GB/T 250—2008样卡对比。

（4）针距密度的测定方法为：在成品上任取三处单位长度进行测量（厚薄部位除外），取最小值。

（5）纬斜和弓斜按GB/T 14801—2009规定执行。

7.2　内在质量检验规定

7.2.1　基本安全性能检验规定

7.2.1.1　甲醛含量测试

甲醛含量测试按GB/T 2912.1—2009规定执行。面里料能分开的，分开进行检测；面里料一体的，整体进行检测；敷黏合衬时，带黏合衬一起检测；花型特殊处理的产品应将花型部分和空白部分分别进行检测。以所有单独检测的试验结果中最大值为最终试验结果。

7.2.1.2　pH值测试

pH值测试按GB/T 7573—2009规定执行。萃取介质采用氯化钾溶液，取样参照甲醛项目取样方法。

7.2.1.3　色牢度测试

（1）耐皂洗色牢度测定按GB/T 3921—2008 A1规定执行。

（2）耐摩擦色牢度测定按GB/T 3920—2008规定执行。

（3）耐汗渍色牢度测定按GB/T 3922—2013规定执行。

（4）耐水色牢度测定按GB/T 5713—2013规定执行。

（5）耐光色牢度测定按GB/T 8427—2008规定执行。

（6）耐光汗复合色牢度测定按GB/T 14576—2009规定执行。

7.2.2　耐用性检测规定

7.2.2.1　起毛起球测试方法

取样：在成品未敷黏合衬部位任意裁取试样5块。毛针织物及仿毛针织物按GB/T 4802.3—2008规定执行；其他织物按GB/T 4802.1—2008规定执行，评级按GSB 16—1523—2013针织物起毛起球样照或精梳毛织品起球样照（绒面、光面）或粗梳毛织品起球样照比，取5个试样测试结果的平均值。

7.2.2.2　水洗尺寸变化率测定方法

水洗尺寸变化率测试按GB/T 8628—2013进行，在批量样本中随机抽取三件进行测试，结果取三件的算术平均值，若同时存在收缩与试验结果时，以收缩两件试样的算术平均值作为检验结果，如果三件样品中一件收缩、一件倒涨、一件收缩率为0，则单件分别判定，以高数为最终结果。

7.2.2.3　水洗后扭曲率

将测试完水洗尺寸变化的成衣平铺在光滑的台上，用手轻轻拍平，每件成衣以扭斜程度最大的一边测量，以3件样品中扭曲率最大值的平均值作为计算结果，水洗前试样已有扭曲，水洗后计算时应计算在内。

7.2.3　舒适性测定

7.2.3.1　透气率测试

透气率测试按GB/T 5453—2009规定执行，若有里料，测试时应按穿着时的实际状态进行试验。

7.2.3.2　透湿量测试

透湿量测试按GB/T 12704.2—2009规定执行。

7.2.3.3　纤维含量测试

纤维含量测试按FZ/T 01057、GB/T 2910、GB/T 16988—2013、FZ/T 01101—2008等规定执行。

7.3　其他检验方法

7.3.1　针检验方法

7.3.1.1　原理

利用磁感应，测定服装中是否存在金属针。

7.3.1.2 检验仪器

可采用平板式或手持式磁性金属检测仪。检测灵敏度：检测距离10mm时为直径1.2mm铁球；检测距离50mm时为直径0.7mm铁球。

7.3.1.3 试样

当服装用平板式检测仪时，成品服装上的金属附件应先消磁处理，或去除样品上的金属附件后再进行针检验。当采用手持式检测器时，样品可不必进行以上处理。

7.3.1.4 检验步骤

检验前先对仪器进行校准，以确保证仪器的灵敏度。将包装好的服装正反两面逐件置于检测平板上，或采用手持式检测器对服装的正反两面表面各处进行检测。

7.3.1.5 检验结果

当检验时检测仪发出鸣叫声或显示，对服装及其包装进行检查，确认服装存在金属针时，记录所检试样存在金属针。

7.3.2 拼接互染程度测试方法

7.3.2.1 原理

成衣中拼接两种不同颜色的面料组合成试样，放于皂液中，在规定的时间和温度条件下，经机械搅拌，再经冲洗、干燥进行评定沾色，用灰色样卡对试样的沾色程度进行评级。

7.3.2.2 试样要求与准备

当成衣上有的部位适合直接取样时，直接在成衣上选取面料拼接部位，以拼接接缝为试样中心，取样尺寸为40mm×200mm，使试样的一半为拼接的第一种颜色，另一半为第二种颜色。

当成衣上没有部位适合直接取样时，可在成衣产品的同批面料上分别剪取两块大小为40mm×100mm的面料拼接，将两块试样沿短边缝合成组合试样。

7.3.2.3 试验操作程序

按GB/T 3921—2008进行洗涤试验。

用GB/T 251—1995沾色卡评定两种面料的沾色等级。

7.3.3 缝口脱开程度检验方法

7.3.3.1 原理

在垂直于服装（或缝制样）接缝的方向上施加一定的负荷，接缝处脱开，测量其脱开的最大距离。

7.3.3.2 仪器和工具

织物强力机，夹钳的距离可调至 10cm，夹钳无载荷时移动速度可调至 5cm/min，预加张力（重锤）为 2N，夹钳对试样的有效夹持面积为 2.5cm × 2.5cm，裁样剪刀、钢直尺分度值为 1mm。

7.3.3.3 检验环境

检验用标准大气，温度为 20°C ± 2°C，相对湿度为 65% ± 4%。

7.3.3.4 试样要求与准备

试样尺寸：5cm × 20cm，其中心线应与缝迹垂直。

试样数量：从成品服装的每个取样部位（或缝制样）上各截取三块。

7.3.3.5 试验步骤

将强力机的两个夹钳分开至 10cm ± 0.1cm，两个夹钳边缘应相互平行且垂直于移动方向。将试样固定在夹钳中间，使试样直向中心线与夹钳边缘相互垂直。以 5cm/min 的速度逐渐增加至规定的负荷时，停止夹钳的移动，然后在试样上垂直量取其接缝脱开的最大距离，测量值至 0.05cm。若试验中出现纱线从试样中滑脱现象，则测试结果记为滑脱；若试验中出现试样断裂、撕破或缝线断裂现象，则在试验记录中予以描述。

7.3.3.6 试验结果

分别计算每部位各试样测试结果的算术平均值，计算结果应符合 GB/T 8170—2008 的规定。若三块试样中仅有一块出现滑脱，则计算另两块试样的平均值，若三块试样中有两块或三块出现滑脱，则结果为滑脱；若试样出现织物断裂、织物撕破或缝线断裂，则结果为织物断裂、织物撕破或缝线断裂。

7.3.4 附件抗拉强力检验方法

7.3.4.1 原理

在垂直和平行于学生装附件主轴的方向上，在一定时间内施加一定的负荷，来验证学生装的附件的抗拉强力是否满足规定的要求。当附件由固定在学生装的两部分构成时，两部分都要测试。

7.3.4.2 施加的负荷

对附件施加的负荷为 70N ± 2N。

7.3.4.3 设备测量范围

测量范围 0～200N 的拉力测试仪。要求拉力测试仪具有显示整个试验过程拉力数值的能力，精度为 ± 2N。

7.3.4.4 试样准备

随机抽取成品校服三件，去除包装，将校服样品置于相对湿度为65%±4%，温度为20°C±2°C的标准大气中调湿，并在湿度条件下，完成试验。

7.3.4.5 检验步骤

用拉力测试仪的下夹钳夹住附件与学生装联结处的面料，使附件平面垂直于拉力测试仪的上夹钳。上夹钳夹住被测附件，注意夹持时不得引起被测附件明显变形、破碎等不良现象。沿着与被测附件主轴平行的方向，在5s内均匀施加70N±2N的负荷，并保持10s。更换上夹钳，沿着与被测附件垂直的方向，在5s内均匀施加70N±2N的负荷，并保持10s。

7.3.4.6 判定结果

当所有被测学生装上的不可拆卸小物件均未从服装上脱落时，判定该测试合格；否则判定为不合格。

7.4 检验分类及规则

7.4.1 检验分类

检验包括成品检验、到货验收检验、形式检验等。

（1）成品检验：分为出厂检验，出厂检验规则按FZ/T 80004—2014的规定。

（2）到货验收检验：按要求全项目或部分项目检验。

（3）形式检验：按要求全项目或部分项目检验。

7.4.2 抽样规定

校服外观检验按规定抽样数量按产品批量进行抽检，抽样数量一般为：

（1）500件（套）及以下抽取样本10件（套）。

（2）500件（套）以上至1000件（套）抽取样本20件（套）。

（3）1000件（套）及以上抽取样本30件（套）。

理化性能根据项目需要抽取样本，一般全项检验不少于4件（套）。

7.4.3 判定规则

7.4.3.1 缺陷分类

（1）严重缺陷：严重降低产品的使用性能，严重影响外观的缺陷，称为严重缺陷。

（2）重缺陷：不严重降低产品的使用性能，不严重影响外观，但较严重不符合本标准要求的缺陷，称为重缺陷。

（3）轻缺陷：不符合标准要求，但对产品的使用性能、外观有较小影响的缺陷，称为轻缺陷。

7.4.3.2　缺陷评定

缺陷评定按表7-2的规定执行。

表7-2　缺陷评定规定

项目	序号	轻缺陷	重缺陷	严重缺陷
使用说明	1	使用说明内容不规范	使用说明内容不正确	使用说明内容缺项
外观及缝制质量	2	缝制线迹不顺直、不平服；底边不圆顺；止口宽窄不均匀，不平服；接线处接头明显；起落针处没有回针；30cm有两个单跳线；上下线轻度松紧不适宜	缝制线迹歪斜；30cm有两个单跳线；上下线严重松紧不适宜	缝制线迹严重歪斜；链式线迹跳线
	3	熨烫不平服；有亮光	轻微烫黄，变色	变质，残破
	4	表面有污渍；面料表面有长于1cm的连根线头3根及以上	有明显污渍，面料大于2cm²里料大于4cm²；水花大于4cm²	有严重污渍，面积大于3cm²
	5	领子面料、里料松紧不合适；表面不平服；领尖长短或驳头宽窄差大于0.3cm；领窝不平服；起皱；绱领子（以肩缝对比）偏差大于0.6cm	领子面料、里料松紧明显不合适；除领子部位以及其他部位30cm内有两处以上单跳针或连续跳针；领窝明显不平服；起皱；绱领子（以肩缝对比）偏差大于1cm	链式线迹跳线
	6	门襟长于底襟0.5~1cm；底襟长于门襟0.5cm；门、底襟止口反吐；门襟不顺直；装拉链不平服，拉链牙外露宽度不一致	门襟长于底襟1cm以上；底襟长于门襟0.5cm以上；装拉链明显不平服	—
	7	包缝后缝份小于0.8cm；毛、脱、露大于1cm	有明显拆痕；毛、脱、露大于1cm；正面部位布边的针眼外露	毛、脱、露大于2cm
	8	绱袖不圆顺；吃势不均匀；两袖前后不一致大于1.5cm；袖子起吊、不顺	绱袖明显不圆顺；两袖前后不一致大于2.5cm；袖子明显起吊，不顺	—
	9	锁眼、钉扣、各个封结不牢固；扣眼间距不均匀，互差大于0.3cm；扣位于眼位或者四合扣上下扣互差大于0.3cm	扣眼间距不均匀，互差大于0.6cm；扣位于眼位或者四合扣上下扣互差大于0.6cm	—

项目	序号	轻缺陷	重缺陷	严重缺陷
外观及缝制质量	10	袖缝不顺直；两袖长度差大于0.8cm；两袖口大小互差大于0.4cm	—	—
	11	肩线不顺直、不平服；两肩线宽窄不一致，互差大于0.5cm	—	—
	12	装拉链不平服，露牙子不一致	装拉链明显不平服	—
	13	表面缝线不顺直；横向缝线、对称缝线互差大于0.4cm	横向缝线、对称缝线互差大于0.8cm	—
	14	—	—	成品内有金属针
	15	口袋、袋盖不圆顺；袋盖与贴袋大小不相宜；开袋豁口或袋牙宽窄互差大于0.5cm	袋口封结不牢固；毛茬；无挡口布	—
	16	—	拉链或缝制部位经洗涤试验后起拱	缝制部位经洗涤试验后破损
拼接	17	—	—	不符合标准规定
规格允许偏差	18	超出标准规定50%及以内	规格超出标准规定50%以上	规格超出标准规定100%以上
纬斜	19	超出标准规定50%及以内	超出标准规定50%以上	—
对条对格	20	超出标准规定50%及以内	超出标准规定50%以上	—
辅料	21	线、衬及辅料的色泽与面料不匹配；钉扣线与扣颜色不匹配	—	纽扣及金属扣、附件等脱落；金属件腐蚀生锈；上述配件洗涤后脱落或腐蚀生锈
色差	22	面料、里料色差不符合标准规定半级；里料影响色差低于3级	面、里料色差不符合标准规定半级以上	—
疵点	23	2、3号部位超过标准规定	1号部位超过标准规定	—
针距	24	低于标准规定2针以内（含2针）	低于标准规定2针以上	—

注　1.以上各缺陷按序号逐项累积计算。

　　2.本表未涉及的缺陷可根据标准规定，参照规则相似缺陷酌情判定。

　　3.丢工为重缺陷，缺件为严重缺陷。

　　4.理化性能一项不合格即判定为该抽验批次不合格。

7.5　包装、贮存和运输

7.5.1　冬季学生装的包装要求

（1）每套学生装用薄膜塑料袋包装，并附统一的合格证。

（2）按班级打包，每班一个大包装，内附装箱（包）单，包装外注明学校、班级、男女装各多少套，并采取防水（雨）措施。

（3）特殊情况下，按与管理部门或学校的协议条款执行。

7.5.2　包装标志要求

外包装应注明货号、品名、号型或规格、等级、数量、厂名、厂址、出厂日期和产品所执行标准的编号、名称。

7.5.3　内包装规定

（1）内包装可采用纸、胶袋（塑料袋）、纸盒、衣架、大头针、别针等材料，包装材料要清洁、干燥。

（2）两周岁及以下婴幼儿服装的产品包装件应使用非金属类产品。

（3）与皮肤直接接触的服装产品的包装件应使用非金属类产品。

7.5.3.1　纸包包装

纸包折叠端正，包装牢固。

7.5.3.2　胶袋（塑料袋）包装

（1）胶袋（塑料袋）大小应与产品相适应，产品装入胶袋（塑料袋）要平整，松紧适宜。

（2）使用印有文字图案的胶袋（塑料袋），其颜料不得污染产品。

（3）附有衣架包装的产品，应端正平整。

7.5.3.3　纸盒包装

纸盒大小应与产品相适应，产品装入盒内松紧适宜。附有衣架包装的产品，应端正平整。

7.5.4　外包装规定

（1）外包装可采用纸箱等材料，包装材料要清洁、干燥、牢固。瓦楞纸箱的技术要求应符合 GB/T 6543—2008 规定。

（2）纸箱内应衬垫具有保护产品质量作用的防潮材料。

（3）纸箱盖、底封口应严密、牢固。封箱纸贴正、贴平。

（4）内、外包装大小适宜。

（5）箱外可用捆扎带等捆扎结实、卡扣牢固。

7.5.5　运输要求

产品包装件运输时，应防潮、防破损、防污染。

7.5.6　贮存要求

（1）产品贮存应防潮，毛料产品应防蛀。

（2）产品包装件应在仓库内堆放。库房应干燥、通风、清洁。

第8章 冬季学生装号型标准

8.1 产品号型与规格

冬季学生装号型或规格标注应符合相关国家标准、行业标准的规定。

8.1.1 号型定义

号指人体的身高，型指人体的胸围、腰围，以厘米为单位，体型指胸围与腰围的差数。

8.1.2 号型规格系列

（1）身高以5cm分档组成系列。

（2）胸围以4cm分档组成系列。

（3）腰围以4cm或2cm分档（婴儿、儿童以3cm分档）组成系列。

（4）身高与胸围搭配分别组成5·4号型系列（7·4、10·4）。

（5）身高与腰围搭配分别组成5·4或5·2号型系列（7·3、10·3）。

8.1.3 号型表示方法

（1）上装——165/88A。

（2）165——人体身高，单位厘米。

（3）88——人体胸围，单位厘米。

（4）A——体型分类代号。

体型分类的代号及胸围和腰围的差数范围，见表8-1。

表8-1 体型分类的代号及胸围和腰围的差数范围

体型分类代号	胸围和腰围的差数（cm）	
	男	女
Y	17～22	19～24
A	12～16	14～18
B	7～11	9～13
C	2～6	4～8

8.2 冬季学生装号型分类

8.2.1 小学生服装号型

小学生服装号型系列使用详解，号型系列以各体型中间体为中心，向两边依次递增或递减组成。

身高90～130cm儿童，身高以10cm分档，胸围以4cm分档，腰围以3cm分档，分别组成10·4和10·3系列。

身高135～155cm女童，135～160cm男童，身高以5cm分档，胸围以4cm分档，腰围以3cm分档，分别组成5·3和5·4系列。

（1）身高为90～130cm的小学服装上装10·4系列，见表8-2。

表8-2 小学服装上装10.4系列 单位：cm

号	型				
90	48	—	—	—	—
100	48	52	56	—	—
110	48	52	56	—	—
120	—	52	56	60	—
130	—	—	56	60	64

（2）身高为90～130cm小学服装下装10·3系列，见表8-3。

表8-3 小学服装下装10.3系列　　　　　　　　　单位：cm

号	型				
90	47	—	—	—	—
100	48	50	53	—	—
110	48	50	53	—	—
120	—	50	53	56	—
130	—	—	53	56	59

（3）身高为135～160cm小学男子服装上装5·4系列，见表8-4。

表8-4　小学男子服装上装5·4系列　　　　　　　单位：cm

号	型				
135	60	64	68	—	—	—
140	60	64	68	—	—	—
145	—	64	68	72	—	—
150	—	64	68	72	—	—
155	—	—	68	72	76	—
160	—	—	—	72	76	80

（4）身高为135～160cm小学男子服装下装5·3系列，见表8-5。

表8-5　小学男子服装下装5·3系列　　　　　　　单位：cm

号	型				
135	54	57	60	—	—	—
140	54	57	60	—	—	—
145	—	57	60	63	—	—
150	—	57	60	63	—	—
155	—	—	60	63	66	—
160	—	—	—	63	66	69

（5）身高为135～160cm小学女子服装上装5·4系列，见表8-6。

表8-6　小学女子服装上装5·4系列　　　　　　单位：cm

号	型					
135	56	60	64	—	—	—
140	—	—	64	—	—	—
145	—	—	64	68	—	—
150	—	—	64	68	72	—
155	—	—	—	68	72	76

（6）身高为135～160cm小学生女子服装下装5·3系列，见表8-7。

表8-7　小学生女子服装下装5·3系列　　　　　　单位：cm

号	型					
135	49	52	55	—	—	—
140	—	52	55	—	—	—
145	—	—	55	58	—	—
150	—	—	55	58	61	—
155	—	—	—	58	61	64

8.2.2　初中生服装号型

（1）初中男子服装5·4和5·2A系列，见表8-8。

表8-8　初中男子服装5·4和5·2A系列　　　　　　单位：cm

腰围／胸围	A体型														
	身高														
	155			160			165			170			175		
72	—	—	—	56	58	60	56	58	60	—	—	—	—	—	—
76	60	62	64	60	62	64	60	62	64	60	62	64	—	—	—

腰围 / 胸围	A体型 身高														
	155			160			165			170			175		
80	64	66	68	64	66	68	64	66	68	64	66	68	—	—	—
84	68	70	72	68	70	72	68	70	72	68	70	72	68	70	72
88	72	74	76	72	74	76	72	74	76	72	74	76	72	74	76
92	—	—	—	76	78	80	76	78	80	76	78	80	76	78	80
96	—	—	—	—	—	—	80	82	84	80	82	84	80	82	84

（2）初中女子服装5·4和5·2 A系列，见表8-9。

表8-9 初中女子服装5·4和5·2 A系列 单位：cm

腰围 / 胸围	A体型 身高														
	145			150			155			160			165		
72	—	—	—	54	56	58	54	56	58	54	56	58	—	—	—
76	58	60	62	58	60	62	58	60	62	58	60	62	—	—	—
80	62	64	66	62	64	66	62	64	66	62	64	66	—	—	—
84	66	68	70	66	68	70	66	68	70	66	68	70	66	68	70
88	70	72	74	70	72	74	70	72	74	70	72	74	70	72	74
92	—	—	—	74	76	78	74	76	78	74	76	78	74	76	78

8.2.3 高中生服装号型

（1）高中男子服装5·4和5·2 A系列，见表8-10。

表8-10　高中男子服装5·4和5·2 A系列　　　　　　单位：cm

腰围 胸围	A体型														
	身高														
	165			170			175			180			185		
72	56	58	60	—	—	—	—	—	—	—	—	—	—	—	—
76	60	62	64	60	62	64	60	62	64	60	62	64	—	—	—
80	64	66	68	64	66	68	64	66	68	64	66	68	—	—	—
84	68	70	72	68	70	72	68	70	72	68	70	72	68	70	72
88	72	74	76	72	74	76	72	74	76	72	74	76	72	74	76
92	76	78	80	76	78	80	76	78	80	76	78	80	76	78	80
96	—	—	—	80	82	84	80	82	84	80	82	84	80	82	84
100	—	—	—	84	86	88	84	86	88	84	86	88	84	86	88

（2）高中女子服装5·4和5·2 A系列，见表8–11。

表8-11　高中女子服装5·4和5·2 A系列　　　　　　单位：cm

腰围 胸围	A体型														
	身高														
	155			160			165			170			175		
72	54	56	58	54	56	58	—	—	—	—	—	—	—	—	—
76	58	60	62	58	60	62	58	60	62	—	—	—	—	—	—
80	62	64	66	62	64	66	62	64	66	64	66	68	—	—	—
84	66	68	70	66	68	70	66	68	70	68	70	72	68	70	72
88	70	72	74	70	72	74	70	72	74	72	74	76	72	74	76
92	—	—	—	74	76	78	74	76	78	76	78	80	76	78	80
96	—	—	—	—	—	—	80	82	84	80	82	84	80	82	84
100	—	—	—	—	—	—	82	84	86	82	84	86	82	84	86

8.2.4　冬季学生装成品规格尺寸

8.2.4.1　小学生冬季学生装成品规格尺寸

（1）小学生棉服上衣，见表8-12。

表8-12　小学生棉服上衣规格尺寸　　　　　　　单位：cm

号型 部位	130	140	150	160	170	180
胸围	92	98	104	112	120	128
下摆	90	96	102	110	118	126
肩宽	38.6	40.8	43	46	49	52
袖长	49	52	55	58	61	64
后中长	59	62	65	69	73	75
内胆胸围	85	91	97	105	113	121
内单肩宽	35.6	37.8	40	43	46	49
内胆后中	54	57	60	64	68	72
内胆袖长	47	50	53	56	59	62

（2）小学生裤装，见表8-13。

表8-13　小学生裤装规格尺寸　　　　　　　单位：cm

号型 部位	130	140	150	160	170	180
腰围	74	76	78	80	82	84
臀围	85	87.5	90	92.5	95	97.5
裤长	86	90	94	98	102	104
脚口	16	17	18	19	20	21

8.2.4.2　中学生冬季学生装成品规格尺寸

（1）中学生棉服上衣，见表8-14。

表8-14 中学生棉服上衣规格尺寸　　　　　　　　单位：cm

号型 部位	160	165	170	175	180	185	190
胸围	112	116	120	124	128	132	136
下摆	110	114	118	122	126	130	134
肩宽	46	47.5	49	50.5	52	53.5	55
袖长	58	59.5	61	62.5	64	65.5	67
后中长	69	71	73	75	77	79	81
主拉链	68	70	72	74	76	78	80
内胆拉链	64	66	68	70	72	74	76
内胆胸围	105	109	113	117	121	125	129
内单肩宽	43	44.5	46	47.5	49	50.5	52
内胆后中	64	66	68	70	72	74	76
内胆袖长	56	57.5	59	60.5	62	63.5	65

（2）中学生裤装，见表8-15。

表8-15 中学生裤装规格尺寸　　　　　　　　单位：cm

号型 部位	160	165	170	175	180	185	190
裤长	94	97	100	103	106	109	112
腰围	68	70	73	75	78	81	84
臀围	90	94	98	102	106	110	114
脚口	18	19	20	21	22	23	24

参考文献

［1］中华人民共和国国家标准. GB/T 31888—2015中小学生校服［S］. 北京：中国标准出版社，2015.

［2］中华人民共和国国家质量监督检验检疫总局. GB/T 22854—2009 针织学生服［S］. 北京：中国国家标准委员会，2009.

［3］中华人民共和国国家质量监督检验检疫总局. GB/T 23328—2009机织学生服［S］. 北京：中国国家标准化管理委员会，2009.

［4］中华人民共和国国家质量监督检疫总局. B/T 3101—2015婴幼儿及儿童纺织产品安全技术规范［S］. 北京：中国国家标准化管理委员会，2015.

［5］中华人民共和国国家质量监督检验检疫总局. GB/T 24250—2009机织物 疵点的描述 术语［S］. 北京：中国国家标准化管理委员会，2009.

［6］中华人民共和国国家标准. GB/T 31888—2015中小学生校服［S］. 北京：中国标准出版社. 2015.

［7］中华人民共和国国家标准. GB 18401—2010国家纺织产品基本安全技术规范［S］. 北京：中国标准出版社，2010.

［8］中华人民共和国纺织行业标准. FZ/T 81007—2012单、夹服装［S］. 北京：中华人民共和国工业和信息化部，2012.

［9］中华人民共和国纺织行业标准. FZ/T 08001—2021羊毛絮片服装［S］. 北京：中华人民共和国工业和信息化部，2021.

［10］中华人民共和国国家标准. GB/T 2662—2017棉服装［S］. 北京：中国国家标准化管理委员会，2017.

附录1 中小学生冬季校服技术规范团体标准

T/JYBZ 011—2019

1 范围

本标准规定了中小学生冬季学生装的术语和定义、技术要求、试验方法、检验规则及包装、贮运和标识。

本标准适用于我国中小学生冬季在学校日常统一穿着的服装，其他学校学生冬季学生装可参照执行。

2 规范性引用文件

下列文件对于本文件的应用是必不可少的。凡是注日期的引用文件，仅注日期的版本适用于本文件。凡是不注日期的引用文件，其最新版本（包括所有的修改单）适用于本文件。

GB/T 250 纺织品 色牢度试验 评定变色用灰色样卡

GB/T 1335 （所有部分） 服装号型

GB/T 2910 （所有部分） 纺织品 定量化学分析

GB/T 3920—2008 纺织品 色牢度试验 耐摩擦色牢度

GB/T 3921—2008 纺织品色牢度试验耐皂洗色牢度

GB/T 3923.1—2013 纺织品 织物拉伸性能 第1部分：断裂强力和断裂伸长率的测定（条样法）

GB/T 4802.1—2008 纺织品 织物起毛起球性能的测定 第1部分：圆轨迹法

GB/T 4802.3—2008 纺织品 织物起毛起球性能的测定 第3部分：起球箱法

GB 5296.4—2012 消费品使用说明 第4部分：纺织品和服装

GB/T 7742.1—2005 纺织品 织物胀破性能 第1部分：胀破强力和胀破扩张度的测定 液压法

GB/T 8427—2008 纺织品 色牢度试验 耐人造光色牢度氙弧

GB/T 8628—2003 纺织品 测定尺寸变化的试验中织物试样和服装的准备、标记及测量

GB/T 8629—2017 纺织品 试验用家庭洗涤和干燥程序

GB/T 8630—2013 纺织品 洗涤和干燥后尺寸变化的测定

GB/T 13772.2—2018 纺织品 机织物接缝处纱线抗滑移的测定 第2部分：定负荷法

GB/T 13773.1—2008 纺织品 织物及其制品的接缝拉伸性能 第1部分：条样法接缝强力的测定

GB/T 14272—2021 羽绒服装

GB 18383—2007 絮用纤维制品通用技术要求

GB 18401—2010 国家纺织产品基本安全技术规范

GB/T 19976—2005 纺织品 顶破强力的测定 钢球法

GB/T 23319.3—2010 纺织品 洗涤后扭斜的测定 第3部分：机织服装和针织服装

GB/T 28468—2012 中小学生交通安全反光校服

GB/T 29862 纺织品纤维含量的标识

GB/T 31127 纺织品色牢度试验拼接互染色牢度

GB 31701 婴幼儿及儿童纺织产品安全技术规范

GB/T 31888—2015 中小学生校服

FZ/T 01057（所有部分） 纺织纤维鉴别试验方法

FZ/T 72002 毛条喂入式针织人造毛皮

FZ/T 72010 针织摇粒绒面料

GSB 16—2159—2007 针织产品标准深度样卡（1/12）

3 术语和定义

下列术语和定义适用于本文件。

3.1 冬季学生装（Winter Uniform）

选用具有一定保暖性能的天然纤维、化学纤维、动物绒毛及其混合物等填充物，或（和）人造皮毛、摇粒绒等织物为保暖层，学生冬季在学校日常统一穿着，用以抵御冬季寒冷的学生服装。

3.2 反光布（Reflective Fabrics）

反光材料与纺织底料结合在一起，在光源照射下具有强逆反射性能的纺织品。

3.3 透气口（Air Permeable Hole）

设置于冬季学生装人体主要出汗散热部位，用于快速散发积热的物理透孔。

4 技术要求

4.1 设计要求

4.1.1 冬季学生装外罩若采用涂层面料或覆膜面料，应设计背部透气口和腋下透气口。透气口张口处宜使用粘扣带固定。背部透气口示意见附图1-1，腋下透气口示意见附图1-2。

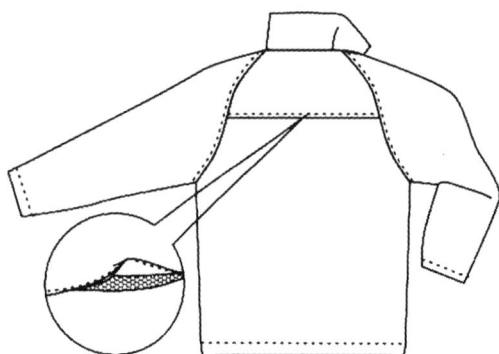

附图1-1 背部透气口设计样式示意图　　　附图1-2 腋下透气口设计样式示意图

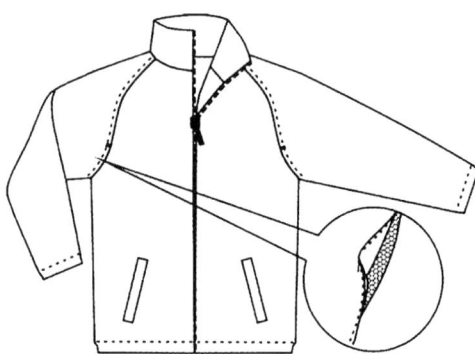

4.1.2 冬季学生装宜设计成外罩、保暖层和内衬等可以自由拆卸的样式。

4.2 号型

冬季学生装号型的设置应按GB/T 1335规定执行，超出标准范围的号型按标准规定的分档数值扩展。

4.3 基本安全要求

冬季学生装校服应符合GB 18401产品的规定要求，14周岁及以下学生穿着的冬季学生装还应符合GB 31701规定要求。

4.4 内在质量

4.4.1 面料、里料

冬季学生装面料、里料应符合附表1-1的规定。

附表1-1 冬季学生装面料、里料质量表

项目		要求
纤维含量		符合GB/T 29862要求
色牢度/级	耐湿摩擦	≥3
	耐皂洗	≥3~4
	耐光[a]	≥4

续表

项目		要求
起球[a]/级		≥ 3~4
顶破强力（针织类）[b]/N		≥ 250
断裂强力（机织类）[b]/N		≥ 200
胀破强力（毛针织类）[b]/kPa		≥ 245
接缝强力[b]/N	面料	≥ 140
	里料	≥ 80
接缝纱线滑移（机织类）/mm		≤ 6
水洗尺寸变化率[b]/%	针织类（长度、宽度）	−4.0 ~ +2.0
	机织类（长度、胸宽）	−2.5 ~ +1.5
	机织类（腰宽、领大）	−1.5 ~ +1.5
	毛针织类（长度、宽度）	−5.0 ~ +3.0
水洗后扭曲[b, c]/%	上衣	≤ 5
	裤子	≤ 2.5
水洗后外观	绣花和接缝部位处不平整	允许轻微[d]
	面里料缩率不一，不平服	允许轻微
	涂层部位脱落、起泡、裂纹	不允许
	覆黏合衬部位起泡、脱胶	不允许
	破洞、缝口脱散	不允许
	附件损坏、明显变色、脱落、生锈	不允许
	变色	不低于 4 级
	其他严重影响服用的外观变化	不允许
	拼接互染程度[f]	≥ 4
防钻绒性[e]/根		≤ 15

注　a 羽绒服装应符合 GB/T 14272 一等品要求。

　　b 仅考核冬季学生装面料。

　　c 松紧下摆和裤口等产品不考核。

　　d 轻微指直观上不明显，目测距离 60 cm 观察时，仔细辨认时才可看出的外观变化。

　　e 防钻绒性仅考核羽绒服装，与羽绒直接接触的织物。

　　f 拼接互染程度仅考核深色、浅色相拼接的产品，深浅色按 GSB 16—2159—2007 规定区分，> 1/12 标准深度为深色，<1/12 标准深度为浅色。

4.4.2 填充物

冬季学生装填充物应符合GB 18383或GB/T 14272—2021要求。

4.4.3 保暖层

冬季学生装的保暖层应符合FZ/T 72002或FZ/T 72010的一等品质量要求。具体克重、密度、材质由供需双方商定。

4.5 特殊安全要求

冬季学生装宜在规定位置使用反光布。

4.5.1 部位要求：上衣的正面和背面、双袖的侧面，上衣背面缝（贴）制的反光布，不应被学生书包完全遮挡。

4.5.2 宽度要求：有效宽度应不小于20 mm。

4.5.3 反光布缝（贴）制要求：

a）应采用适合反光布缝制的缝线。

b）各部位反光布缝制的线路要顺直、宽窄均匀、牢固，不允许有跳针、开线和断线。

c）各部位反光布的贴制不允许有开胶、渗透、起皱和脱落。

4.5.4 反光布逆反射系数应符合GB/T 28468—2012中4.3的要求。

4.6 外观质量

应符合GB/T 31888—2015中附表2-2的要求。

5 试验方法

5.1 基本安全要求的测定按GB 18401—2010、GB 31701—2015规定的相关方法执行。

5.2 纤维含量的测定按FZ/T 01057、GB/T 2910所有部分规定的相关方法执行。

5.3 耐湿摩擦色牢度的测定按GB/T 3920—2008执行。

5.4 耐皂洗色牢度的测定按GB/T 3921—2008试验条件A（1）执行。

5.5 耐光色牢度的测定按GB/T 8427—2008方法3执行。

5.6 机织类和针织类起球的测定按GB/T 4802.1—2008方法E执行，毛针织类按GB/T 4802.3—2008执行，精梳产品翻动次数14400转，粗梳产品翻动次数7200转。

5.7 顶破强力的测定按GB/T 19976—2005执行，钢球直径33 mm。

5.8 断裂强力的测定按GB/T 3923.1—2013执行。

5.9 胀破强力的测定按GB/T 7742.1—2005执行，试验面积7.3 cm^2。

5.10 接缝强力的测定按GB/T 13773.1—2008执行，拉伸试验仪隔距长度为

100 mm，以试样断裂强力为试验结果（不论何种破坏原因）。从每件产品上的以下部位各取1个试样，试验长度为200 mm，接缝与试样长度垂直并处于试样中部（附图1-3）。面里料缝合在一起的取组合试样。

裤后裆缝：以紧靠臀围线下方为中心。

后袖窿缝：以背宽线和袖窿缝交点为中心。

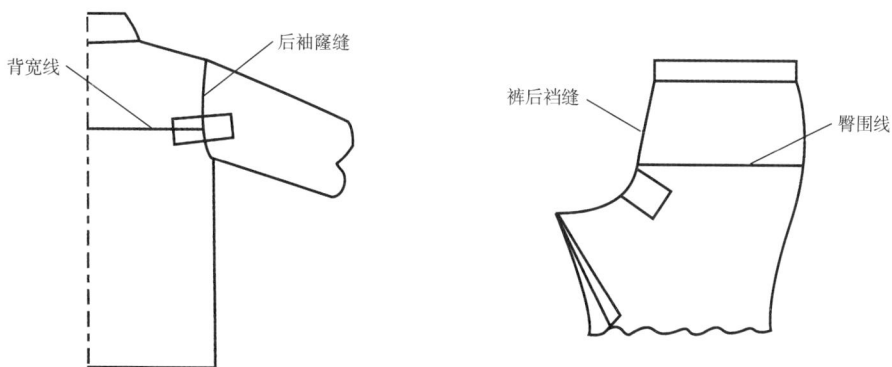

附图 1-3　接缝强力取样示意图

5.11　接缝处纱线滑移的试样准备参照GB/T 13773.1的规定，从每件产品上的以下部位各取2个试样（见附图1-4），测定程序按GB/T 13772.2执行，分别计算每

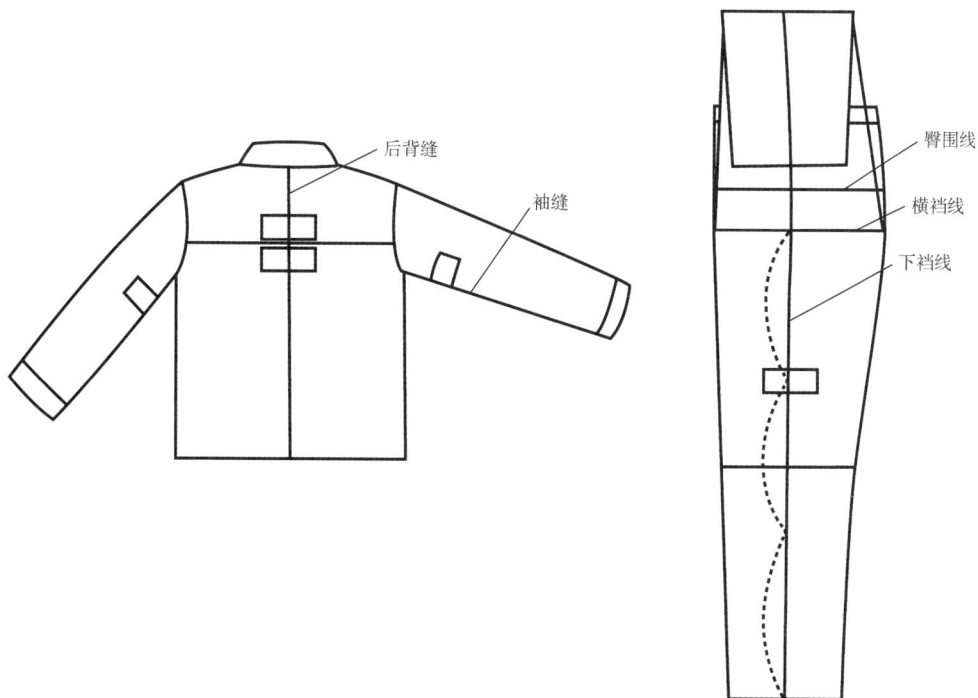

附图 1-4　接缝处纱线滑移取样示意图

个部位2个试样的平均值。

a）面料

后背缝：以背宽线为中心。

袖窿：袖窿缝与袖缝交点处向下10 cm（两片袖时取后袖缝）。

下裆缝：下裆缝三分之一点为中心。

b）里料

后背缝：以背宽线为中心。

5.12　水洗尺寸变化率的测定按GB/T 8628、GB/T 8629和GB/T 8630执行。机织类和针织类采用GB/T 8629—2017中4N程序洗涤和悬挂晾干，毛针织类采用GB/T 8629—2017中4G程序洗涤（试验总负荷1 kg）和烘箱烘干。测量部位长度为衣长、裤长，宽度为胸宽、腰宽和横裆，领大为立领的领圈长度。

5.13　水洗后扭曲的测定按GB/T 23319.3的侧面标记法（裤子以内侧缝合裤口边）执行。

5.14　水洗后外观试验方法：将完成水洗的产品平铺在平滑的台面上，一次观察和记录外观变化。其中变色按GB/T 250评定。

5.15　防钻绒性的测定按GB/T 14272—2021中附录E执行。

5.16　填充物的测定按GB 18383或GB/T 14272规定的相关方法执行。

5.17　保暖层的测定按FZ/T 72002或FZ/T 72010规定的相关方法执行。

5.18　反光布逆反射系数的测定按GB/T 28468—2012中5.3~5.5执行。

5.19　外观质量一般采用灯光检验，用40 W的青光或白光灯一支，上面加灯罩，灯罩与检验台面中心垂直距离为80 cm ± 5 cm。如果在室内采用自然光，光源射入方向为北向左（或右）上角，不能使阳光直射产品。将产品平放在检验台上，检验人员的视线应正视产品的表面，眼睛与产品的中间距离约60 cm。

5.20　色差的测定按GB/T 250执行。

5.21　对称部位的尺寸按GB/T 8628执行。

5.22　拼接互染程度的测定按GB/T 31127执行。

6　检验规则

6.1　抽样

6.1.1　按同一品种、同一色别的产品作为检验批，从每批产品中随机抽取代表性样品，样本在抽取后密封放置，不应进行任何处理。

6.1.2　内在质量抽样数量按GB/T 31888—2015中6.1.2执行，样品尺寸小时可适量多抽取满足试验需要。对于外罩可自由拆卸的校服可抽取3件外罩用于检测需水洗尺寸变化率、水洗后扭曲率、水洗后外观、接缝强力和接缝处滑移项目，1件完整样品用于其他项目试验。

6.1.3 反光布逆反射系数项目试验可抽取满足试验需要大小的反光布样品。

6.1.4 外在质量的抽样方案按GB/T 31888—2015中附表1-2执行。

附表1-2 冬季学生装外观质量检验抽样方法

批量（N）	样本量（n）	接收数（Ac）	拒收数（Re）
≤15	2	0	1
16～25	3	0	1
26～90	5	0	1
91～150	8	0	1
151～280	13	0	1
281～500	20	1	2
501～1200	32	2	3
≥1201	50	3	4

6.2 内在质量的判定

6.2.1 基本安全要求与内在质量的判定按GB/T 31888—2015中6.2执行。

6.2.2 内在质量项目检验结果符合4.4要求的判定这些项目的批产品合格，否则为批不合格。

6.3 外观质量的判定

按GB/T 31888—2015中6.3执行。

6.4 结果判定

按6.2和6.3判定均为合格，则该批产品合格。

7 包装、贮运和标识

7.1 产品按件（或套）包装，每箱件数（或套数）根据协议或合同规定。

7.2 应保证在贮运中包装不破损，产品不沾污、不受潮。包装中不应使用金属针等锐利物。

7.3 产品应存放在阴凉、通风、干燥的库房内，注意防蛀、防霉。

7.4 每个包装单元应附使用说明，使用说明应符合GB 5296.4的要求，至少包含下列内容：

    a）服装号型、配饰规格（产品主体的最大标称尺寸，以cm为单位）。

    b）纤维成分及含量。

    c）维护方法。

    d）产品名称。

    e）本标准编号。

    f）安全技术要求类别。

    g）制造商名称和地址。

    h）产品的贮存方法。

    其中，每件校服应包括a）、b）和c）项内容的耐久性标签，并缝制在侧缝处，不允许在衣领处缝制任何标签，d）~h）项内容应采用吊牌、资料或包装袋等形式。

附录2　中小学生校服国家标准

GB/T 31888—2015

1　范围

本标准规定了中小学生校服的技术要求、试验方法、检验规则以及包装、贮运和标志。

本标准适用于以纺织织物为主要材料生产的、中小学生在学校日常统一穿着的服装及其配饰。其他学生校服可参照执行。

2　规范性引用文件

下列文件对于本文件的应用是必不可少的。凡是注日期的引用文件，仅注日期的版本适用于本文件。凡是不注日期的引用文件，其最新版本（包括所有的修改单）适用于本文件。

GB/T 250　纺织品　色牢度试验　评定变色用灰色样卡

GB/T 1335（所有部分）　服装号型

GB/T 2910（所有部分）　纺织品　定量化学分析

GB/T 2912.1　纺织品　甲醛的测定　第1部分：游离和水解的甲醛（水萃取法）

GB/T 3920　纺织品　色牢度试验　耐摩擦色牢度

GB/T 3921—2008　纺织品　色牢度试验　耐皂洗色牢度

GB/T 3922　纺织品　色牢度试验　耐汗渍色牢度

GB/T 3923.1　纺织品　织物拉伸性能　第1部分：断裂强力和断裂伸长率的测定（条样法）

GB/T 4802.1—2008 纺织品　织物起毛起球性能的测定　第1部分：圆轨迹法

GB/T 4802.3　纺织品　织物起毛起球性能的测定　第3部分：起球箱法

GB 5296.4　消费品使用说明　第4部分：纺织品和服装

GB/T 5713　纺织品　色牢度试验　耐水色牢度

GB/T 6411　针织内衣规格尺寸系列

GB/T 7573　纺织品　水萃取液pH值的测定

GB/T 7742.1　纺织品　织物胀破性能　第1部分：胀破强力和胀破扩张度的测定　液压法

GB/T 8427—2008　纺织品　色牢度试验　耐人造光色牢度：氙弧

GB/T 8628　纺织品　测定尺寸变化的试验中织物试样和服装的准备、标记及测量

GB/T 8629—2001　纺织品　试验用家庭洗涤和干燥程序

GB/T 8630　纺织品　洗涤和十燥后几寸变化的测定

GB/T l3772.2　纺织品　机织物接缝处纱线抗滑移的测定　第2部分：定负荷法

GB/T 13773.1　纺织品　织物及其制品的接缝拉伸性能　第1部分：条样法接缝强力的测定

GB/T 14272　羽绒服装

GB/T 14576　纺织品　色牢度试验　耐光、汗复合色牢度

GB/T 14644　纺织品　燃烧性能　45°方向燃烧速率的测定

GB/T 17592　纺织品　禁用偶氮染料的测定

GB 18383　絮用纤维制品通用技术要求

GB 18401　国家纺织产品基本安全技术规范

GB/T 19976　纺织品　顶破强力的测定　钢球法

GB/T 23319.3　纺织品　洗涤后扭斜的测定　第3部分：机织服装和针织服装

GB/T 23344　纺织品　4—氨基偶氮苯的测定

GB/T 24121　纺织制品　断针类残留物的检测方法

GB/T 28468　中小学生交通安全反光校服

GB/T 29862　纺织品　纤维含量的标识

GB 31701　婴幼儿及儿童纺织产品安全技术规范

GB/T 31702　纺织制品附件锐利性试验方法

3　术语和定义

下列术语和定义适用于本文件。

3.1　校服（School Uniforms）

学生在学校日常统一穿着的服装，穿着时形成学校的着装标志。

3.2　配饰（Accessones）

与校服搭配的小件纺织产品，例如领带、领结和领花等。

4　要求

4.1　号型

校服号型的设置应按 GB/T 1335 或 GB/T 6411 规定执行，超出标准范围的号型按标准规定的分档数值扩展。

4.2　安全要求与内在质量

应符合附表2–1的规定。

附表2–1　一般安全要求内在质量

项目		要求
纤维含量		符合 GB/T 29862 要求
甲醛含量		符合 GB 18401 的 B 类要求
可分解致癌芳香胺染料		
pH值		
异味		
燃烧性能		按 GB 31701 执行
附件锐利性		
绳带		
残留金属针		
染色牢度 / 级	耐水（变色、沾色）	≥ 3 ~ 4
	耐汗渍（变色、沾色）	≥ 3 ~ 4
	耐摩擦（干摩）	≥ 3 ~ 4
	耐摩擦（湿摩）	≥ 3
	耐皂洗（变色、沾色）	≥ 3 ~ 4
	耐光汗复合[a]	≥ 3 ~ 4
	耐光[b]	≥ 4
起球[b]/级		≥ 3 ~ 4
顶破强力（针织类）		≥ 250
断裂强力（机织类）		≥ 200
胀破强力（毛针织类）		≥ 245

项目		要求
接缝强力/N	面料	≥ 140
	里料	≥ 80
接缝处纱线滑移（机织类）/mm		≤ 6
水洗尺寸变化率	针织类（长度，宽度）	−4 ~ +2
	梭织类（长度、胸宽）	−2.5 ~ +1.5
	机织类（腰宽、领大）	−1.5 ~ +1.5
	毛针织类（长度、宽度）	−5 ~ +3
水洗后扭曲率[b, c]/%	上衣、筒裙	5
	裤子	2.5
水洗后外观	绣花和接缝部位处不平整	允许轻微
	面里料缩率不一，不平服	允许轻微
	涂层部位脱落、起泡裂纹	不允许
	敷黏合衬部位起泡、脱胶	不允许
	破洞、缝口脱散	不允许
	附件损坏、明显变色、脱落	不允许
变色		不低于4级
其他严重影响服用的外观变化		不允许

注 轻微是指直观上不明显，日测距离60 cm观察时，仔细辨认才可看出的外观变化。

　a仅考核夏装。

　b仅考核校服的面料。

　c松紧下摆和裤口等产品不考核。

4.2.1　织物纤维成分及含量

校服直接接触皮肤的部分，其棉纤维含量标准应不低于35%。

4.2.2　填充物

防寒校服的填充物应符合GB 18401 B类要求，以及GB 18383或GB/T 14272的要求。

4.2.3　配饰

配饰应符合GB 18401 B类要求和GB 31701的锐利性要求。领带、领结和领花等宜采用容易解开的方式。

4.2.4 高可视警示性

如果需要配置高可视警示性标志，应符合 GB/T 28468 的要求。

4.3 外观质量

应符合附表 2-2 的要求。

附表 2-2 校服的外观质量要求

项目		要求
色差	单件	面料不低于 4 级，里料不低于 3~4 级
	套装，同批	不低于 3~4 级
布面疵点		主要部位不允许，次要部位允许轻微
对称部位互差	<20 mm	5mm
	≥20 mm	8mm
对条对格（≥10 mm 的条格）		主要部位互差不大于 3 mm，次要部位互差不大于 6 mm
门襟里襟		允许轻微的不平直，门襟里襟长度互差不大于 4mm；里襟不可长于门襟
拉链		允许轻微的不平服和不顺直
烫黄、烫焦		不允许
扣、扣眼		锁眼、钉扣封结牢固，眼位距离均匀，互差不大于 4 mm；扣位与眼位互差不大于 3 mm
缝线		无漏缝和开线。主要部位不允许有明显的不顺直、不平服、绱明线宽窄不一
绱袖		圆顺，前后基本一致
领子		平服，小反翘，领尖长短或驳头宽窄互差不大于 3 mm
口袋		袋与袋盖方正、圆顺，前后、高低一致
覆黏合衬部位		不允许起泡、脱胶和渗胶

注 1.布面疵点的名称及定义见 GB/T 24250 和 GB/T 24117。
2.轻微是指直观上不明显，目测距离 60 cm 观察时，仔细辨认才能看出的外观变化。
3.对称部位包括裤长、袖长、裤口宽、袖口宽肩缝长等。
4.主要部位指上衣上部 2/3，裤子和长裙前身中部 1/3，短裤和短裙前身下部 1/2。

5 试验方法

5.1 纤维含量的测定，按 GB/T 2910 或相关方法执行。

5.2 甲醛含量的测定，按 GB/T 2912.1 执行。

5.3　可分解致癌芳香胺染料的测定，按GB/T 17592及GB/T 23344执行。

5.4　pH值的测定，按GB/T 7573执行。

5.5　异味的测定，按GB 18401中异味检测方法执行。

5.6　燃烧性能的测定，按GB/T 14644执行。

5.7　附件尖端和边缘的锐利性测定，按GB/T 31702执行。

5.8　绳带长度采用钢直尺或钢卷尺测定，其自然状态下的伸直长度，记录至1mm。

5.9　残留金属针的测定，按GB/T 24121执行。

5.10　耐水色牢度的测定，按GB/T 5713执行。

5.11　耐汗渍色牢度的测定，按GB/T 3922执行。

5.12　耐摩擦色牢度的测定，按GB/T 3920执行。

5.13　耐皂洗色牢度的测定，按GB/T 3921—2008的试验条件A（1）执行。

5.14　耐光汗复台色牢度的测定，按GB/T 14576执行。

5.15　耐光色牢度的测定，按GB/T 8427—2008的方法3执行。

5.16　机织类和针织类校服起球的测定，按GB/T 4802.1—2008的方法E执行，毛针织类校服起球的测定，按GB/T 4802.3执行，精梳产品翻动14400r，粗梳产品翻动7200r。

5.17　顶破强力的测定，GB/T 19976执行，钢球直径为38mm。

5.18　断裂强力的测定，按GB/T 3923.1执行。

5.19　胀破强力的测定，按GB/T 7742.1执行，试验面积为7.3cm²。

5.20　接缝强力的测定，按GB/T 13773.1执行，拉伸试验仪隔距长度为100mm。以试样断裂强力为试验结果（不论何种破坏原因）。从每件产品上的以下部位各取1个试样，试样长度为200 mm，接缝与试样长度垂直并处于试样中部，面里料缝合在一起的取组合试样：

裤后裆缝：在紧靠臀围线下方。

后袖窿缝：以背宽线与袖窿缝交点为中心。

5.21　接缝处纱线滑移的试样准备

参照GB/T 13773.1的规定，从每件产品上的以下部位各取2个试样，测定程序按GB/T 13772.2执行，分别计算每个部位2个试样的平均值：

a）面料

后背缝：以背宽线为中心。

袖缝：袖窿缝与袖缝缝交点处向下10 cm（两片袖时取后袖缝）。

下裆缝：下裆缝上三分之一点为中心。

裙缝：以臀围线为中心，或紧靠拉链下方。

b）里料

后背缝：以背宽线为中心。

裙缝：以臀围线为中心，或紧靠拉链下方。

5.22　水洗尺寸变化率的测定按 GB/T 8628、GB/T 8629—2001 和 GB/T 8630 执行。机织类校服和针织类校服采用 GB/T 8629—2001 中 5A 程序洗涤和悬挂晾干，毛针织类校服采用 GB/T 8629—2001 中 7A 程序洗涤（试验总负荷 1 kg）和烘箱烘燥。测量部位长度为衣长、裤长和裙长，宽度为胸宽、腰宽和横裆，领大为立领的领圈长度。

5.23　水洗后扭曲率的测定，按 GB/T 23319.3 的侧面标记法（裤子以内侧缝与裤口边，裙子以侧缝与底边）执行。

5.24　水洗后外观试验方法：将完成水洗的产品平铺在平滑的台面上，依次观察和记录外观变化。其中，变色按 GB/T 250 评定。

5.25　外观质量一般采用灯光检验，用 40W 青光或白光灯一支，上而加灯罩，灯罩与检验台面中心垂直距离为 80cm ± 5cm。如果在室内采用自然光，光源射入方向为北向左（或右）上角，不能使阳光直射产品。将产品平放在检验台上，检验人员的视线应正视产品的表面，眼睛与产品的中间距离约 60 cm。

5.26　色差的测定，按 GB/T 250 执行。

5.27　对称部位尺寸的测量，按 GB/T 8628 执行。

6　检验规则

6.1　抽样

6.1.1　按同一品种、同一色别的产品作为检验批。

6.1.2　安全要求与内在质量按批随机抽取 4 个单元样本，其中 3 个用于水洗尺寸变化率、水洗后扭曲率、水洗后外观、接缝强力和接缝处纱线滑移的测定，1 个用于 4.2 中的其他项目试验（该样本抽取后密封放置，不应进行任何处理）。配饰的取样数量应满足试验需要。

注　接缝强力和接缝处纱线滑移的试样从完成水洗后试验的样本上取样。

6.1.3　外观质量的检验抽样方案见附表 2-3。

附表 2-3　外观质量的检验抽样方案

批量（N）	样本量（n）	接收数（Ac）	拒收数（Re）
≤ 15	2	0	1
16 ~ 25	3	0	1
26 ~ 90	5	0	1
91 ~ 150	8	0	1

批量（N）	样本量（n）	接收数（Ac）	拒收数（Re）
151~280	13	0	1
281~500	20	1	2
501~1200	32	2	3
≥1201	50	3	4

6.2　安全要求与内在质量的判定

6.2.1　所有色牢度检验结果符合附表2-1要求的判定该项批产品合格，否则为批不合格。

6.2.2　水洗尺寸变化率以3个样本的平均值作为检验结果，符合附表2-1要求的判定该项批产品合格，否则为批不合格。若3个样本中存在收缩与倒涨时，以收缩（或倒涨）的两个样本的平均值作为检验结果。

6.2.3　水洗后扭曲率以3个样本的平均值作为检验结果，符合附表2-1要求的判定该项批产品合格，否则为批不合格。

6.2.4　水洗后外观质量检验，分别对3个样本按附表2-1要求进行评定，2个及以上符合附表2-1要求时判定该项批产品合格，否则为批不合格。

6.2.5　接缝强力和接缝处纱线滑移以3个样本的平均值作为检验结果，符合附表2-1要求的判定该项批产品合格，否则为批不合格。接缝处纱线滑移试验出现织物断裂、滑脱、缝线断裂的现象，判定为不合格。

6.2.6　除6.2.1~6.2.5外，其他项目检验结果符合附表2-1以及4.2.2~4.2.5要求的判定这些项目的批产品合格，否则为批不合格。

6.3　外观质量的判定

按附表2-2对批样的每个样本进行外观质量评定，符合附表2-2要求的为外观质量合格，否则为不合格。如果外观质量不合格样本数不超过附表2-3的接收数Ac，则该批产品外观质量合格。如果不合格样本数达到了附表2-3的拒收数Re，则该批产品不合格。

6.4　结果判定

按质量检验标准6.2和标准6.3判定均为合格，则该批产品合格。

7　包装、贮运和标志

7.1　产品按件（或套）包装，每箱件数（或套数）根据协议或合同规定。

7.2　应保证在贮运中包装不破损，产品不沾污、不受潮。包装中不应使用金属针等锐利物。

7.3　产品应存放在阴凉、通风、干燥的库房内，注意防蛀、防霉。

7.4　每个包装单元应附使用说明，使用说明应符合 GB 5296.4 的要求，至少包含下列内容：

a）服装号型、配饰规格（产品主体的最大标称尺寸，以 cm 为单位）。

b）纤维成分及含量。

c）维护方法。

d）产品名称。

e）本标准编号。

f）安全技术要求类别。

g）制造商名称和地址。

h）如果需要，产品的储存方法。

其中，每件校服上应有包括 a）、b）、和 c）项内容的耐久性标签，并放在侧缝处，不允许在衣领处缝制任何标签。d）～h）项内容应采用吊牌、资料或包装袋等形式。

附录A（资料性附录）

接缝强力和接缝处纱线滑移试验取样示意图见图 A–1、图 A–2。

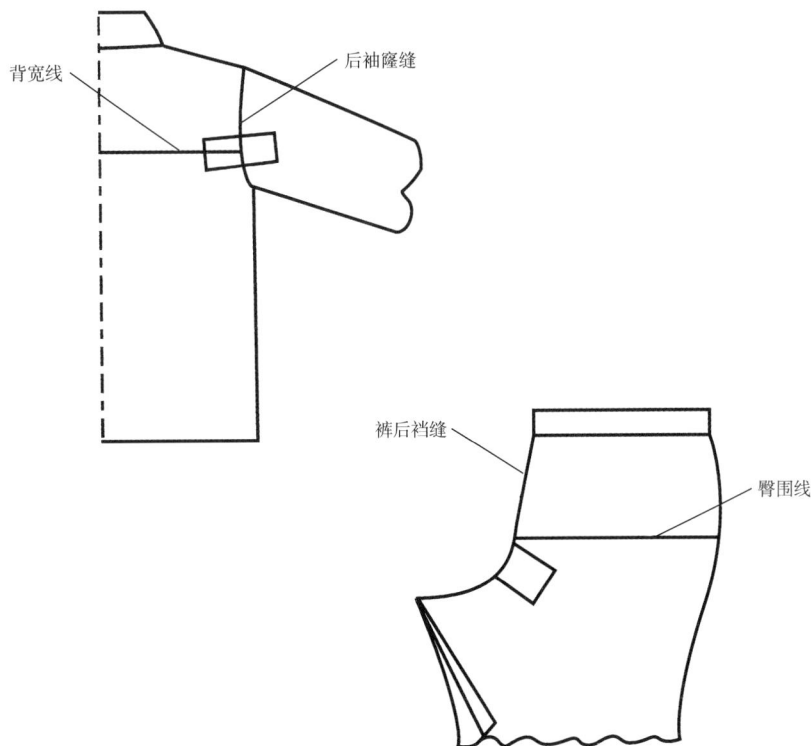

图 A–1　接缝强力取样示意图

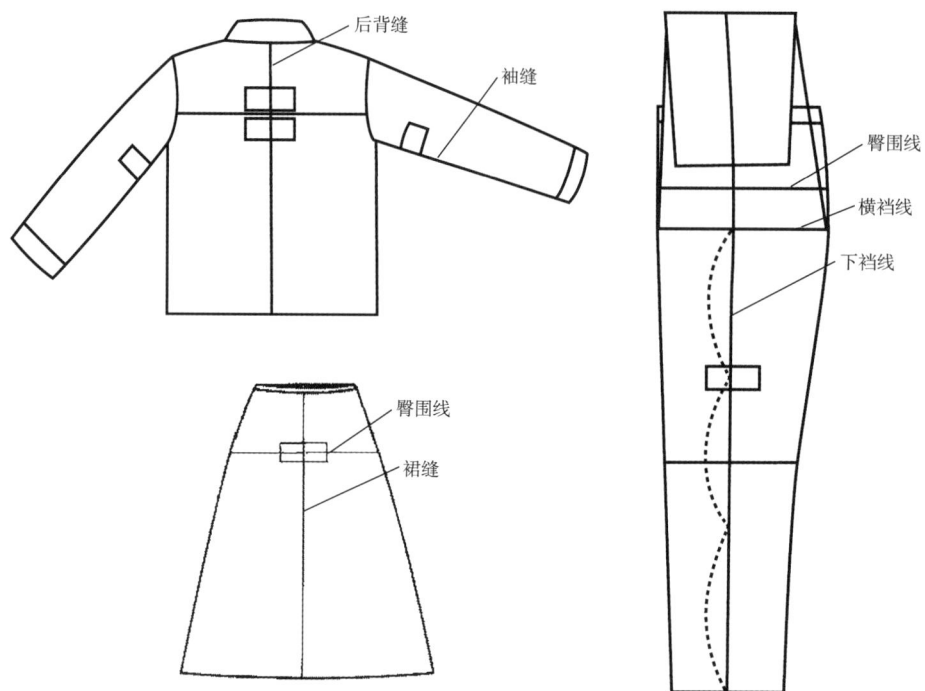

图 A-2　接缝处纱线滑移取样示意图

附录3 儿童服装标准

随着我国改革开放步伐加大，我国儿童服装产业发展迅猛，国内市场环境已悄然改变，童装的产业环境也在改善，目前我国童装产业正面临着全面的产业升级。审视目前童装行业发展现状，提升行业核心竞争力，改进行业弊端是尤为重要的。从宏观层面和微观角度来讲，童装产业即将迎来发展的"盛世"，在盛世中品牌是产品竞争的核心内容，品牌的基础是产品质量和服务质量。了解和掌握相应国家标准，是企业提高产品质量的重要保障之一。

1 童装产品指标依据标准

童装产品质量按GB 18401—2010强制性国家标准和产品所执行的标准进行综合考核。

GB 18401—20010《国家纺织产品基本安全技术规范》强制性国家标准是为了保证纺织产品对人体健康无害而提出的最基本的要求，考核5个指标，9项内容，甲醛、pH值、色牢度（耐水、耐汗渍、耐摩擦、耐唾液）、异味、可分解芳香胺染料。标准中将产品分为3类：

A类：婴幼儿纺织产品，甲醛含量≤20mg/kg；

B类：直接接触皮肤的纺织产品，甲醛含量≤75mg/kg；

C类：非直接接触皮肤的纺织产品，甲醛含量≤300mg/kg。

A类和B类产品pH值允许在4～7.5范围，C类产品pH值允许在4～9范围。

A类婴幼儿用品，耐水、耐汗渍色牢度要求≥3～4级，耐干摩擦、耐唾液色牢度要求≥4级；B类和C类产品耐水、耐汗渍、耐干摩擦色牢度都要求≥3级，3类产品均要求无异味，禁止使用在还原条件下分解出芳香胺染料的面料。

童装产品一般选用机织面料和针织面料，成品根据面料性能选择相应的标准，因为面料不同标准考核的指标内容不同。

例如：机织面料童装产品，主要按FZ/T 81003—2003《儿童服装、学生服》标准考核，产品标准中考核服装标识、外观缝制质量、耐洗色牢度、耐湿摩擦色牢度、耐干洗色牢度、耐光色牢度、成品主要部位缩水率、起毛起球、纤维含量等指标。

针织类童装产品，主要按 FZ/T 73008—2002《针织 T 恤衫》、FZ/T 73020《针织休闲服装》、GB/T 8878—2014《棉针织内衣》等标准考核，产品标准中考核标识、外观质量、耐光、汗复合色牢度、耐洗色牢度、耐湿摩擦色牢度、水洗尺寸变化率、水洗后扭曲率、弹子顶破强力、起球、纤维含量等指标。

2 童装强制性国家标准

中华人民共和国国家市场监督管理总局、中国国家标准化管理委员会发布的强制性国家标准 GB 31701—2015《婴幼儿及儿童纺织产品安全技术规范》。此为中国第一个专门针对婴幼儿及儿童纺织产品（童装）的强制性国家标准。该标准于 2016 年 6 月 1 日正式实施。

中华人民共和国国家质量监督检验检疫总局在新闻发布会上指出，鉴于婴幼儿和儿童群体的特殊性，该标准在原有纺织安全标准的基础上，进一步提高了婴幼儿及儿童纺织产品的各项安全要求，安全要求全面升级。

在化学安全要求方面，标准增加了 6 种增塑剂和铅、镉两种重金属的限量要求。在机械安全方面，标准对童装头颈、肩部、腰部等不同部位绳带作出详细规定，要求婴幼儿及 7 岁以下儿童服装头颈部不允许存在任何绳带。同时，标准对纺织附件也做出了规定，要求附件应具有一定的抗拉强力，且不应存在锐利尖端和边缘。另外，该标准还增加了燃烧性能要求。

依据年龄不同，该标准将童装分为两类，适用于年龄在 36 个月及以下的婴幼儿穿着的纺织产品为婴幼儿纺织产品；适用于 3 岁以上，14 岁及以下的儿童穿着的纺织产品为儿童纺织产品。

按安全要求的不同，标准将童装安全技术类别分为 A、B、C 三类，A 类最佳，B 类次之，C 类是基本要求。婴幼儿纺织产品应符合 A 类要求，直接接触皮肤的儿童纺织产品至少应符合 B 类要求，非直接接触皮肤的儿童纺织产品至少应符合 C 类要求。

该标准同时要求童装应在使用说明上标明安全类别，婴幼儿纺织产品还应加注"婴幼儿用品"。

中华人民共和国国家质量监督检验检疫总局新闻发言人李静在新闻发布会上说，该标准对童装的安全性能进行了全面规范，将有助于引导生产企业提高童装的安全与质量，保护婴幼儿及儿童健康安全。

附录4　冬季学生装面料检测标准

服装面料送到质检部门主要做以下8个检测项目，其中前三项目的检测主要是检测色牢度（是否褪色）主要是针对染色牢固度的检测，4、5、6项主要是检测纤维及染料加试过程中所产生的化学成分主要指标，7项主要检测纤维成分，8项检测染料致癌成分的主要指标。

1　耐汗渍色牢度

指人体的汗渍对面料染色破坏程度。人体汗液含有盐分、油脂及其他有机化学成分，这些物质对的颜色和纤维具有破坏性。

2　耐水色牢度

因为我们的织物需要经常水洗或者受雨水浸泡，水分子对织物的染色有一定程度的破坏，好的学生装面料是具有较强的耐水性。染色在水分子中呈现不稳定，很多织物经过水洗后出现褪色，这就是耐水色牢度不够，学生装就很容易变色，只穿几次就显得陈旧。

3　耐干摩擦色牢度

学生装是学生在校期间穿着的服装，学生好动，织物与织物或与外界产生摩擦，摩擦过多的地方就呈现掉色的现象，因此要检测织物纤维在摩擦过程中的色牢度。

4　甲醛含量

甲醛是在织物的染色、固定纤维常使用的一种化学原料，一般好的学生校服面料会对甲醛进行处理，达到国家标准，通常标准甲醛含量≤75 mg/kg。

5　pH值

即面料的酸碱程度：一般国家标准pH值为4.0～8.5。

6　异味

国家标准要求学生装无任何异味。

7　纤维成分及其含量

纤维成分是对学生装的面料纤维分析，指化学纤维与棉纤维的比例。这个没有国家统一的标准,但纤维结构和比例一定要适合学生装的舒适性和耐磨性,大多采用化学纤维与棉纤维各占50%面料制作学生装。

8 可分解致癌芳香胺染料

这项检测一共24项内容。有的甚至更多。国家标准一般为检测24种物质总量≤20mg/kg。